1週間で

システム

JN026807

の基礎が学べる本

増井 敏克 著

インプレス

はじめに

　企業が新たなシステムを導入する場合、既存のパッケージ製品を購入する、月額制のサービスを契約する、新たにシステムを開発するなどの選択肢があります。欲しいシステムが世の中に存在しなければ、新たに開発するしかありません。

　新たなシステムを開発したいと思ったとき、システム開発会社に依頼することが多いものですが、その際、発注者にシステム開発の経験がないと、打ち合わせに参加しても使われている専門用語が理解できず、システム開発会社に任せきりになってしまうことがあります。また、そもそもどうやってシステム開発会社に依頼すればよいのかわからない、複数のシステム開発会社からの提案のどこを見て発注先を選べばよいのかわからない、システム開発が終わったときに何をチェックすればよいのかわからない、などの問題も出てきます。

　逆に、システムを開発する側も、発注者からどのような資料を得ればスムーズに開発を進められるのかわからない、どういった提案をすれば発注者に受け入れてもらえるのかわからない、という問題を抱えることがあります。

　結果として、高額な費用がかかってしまった、いつまで経っても終わらないなどといった、失敗といえるシステム開発のプロジェクトが次から次へと発生しています。

　発注者、受注者ともに綿密な準備をしておかないと、システム開発のプロジェクトを成功させることは難しいのです。双方がシステム開発についての知識を持ち、協力して進める必要があるともいえます。

　そこで本書では、中小企業でよくあるような、数百万円から1千万円程度のシステム開発を依頼するときに、発注者としてどのような資料を用意すればよいのか、そして要求分析・要件定義から設計、開発・実装、テスト、運用といった流れの中で、どのような作業が待っているのかを整理しました。

　もう少し大きな規模のシステム開発でも、本書の内容は有効です。システム開発は規模にかかわらず、その考え方が大きく変わることはないためです。

　この本が活用されることで、成功したと感じられるシステム開発のプロジェクトが増えると嬉しいです。

2023年5月　増井　敏克

本書の構成

本書は、1日目、2日目……と1日ずつ学習していき、7日間（1週間）で1冊を読み終えられる構成になっています。基本的にシステム開発の流れに沿っていますので、前から読めばひととおりの作業内容を把握できます。特定の工程に興味がある場合は、その章だけを読んでもかまいません。

内容は、発注側と受注側の両方に役立つものとしてあります。そのため、発注側の人にとっては難しい内容も含まれています。そうした部分は読み飛ばしてもかまいませんが、受注側の人がどのような考え方で仕事を進めているのかがわかると、打ち合わせなどをスムーズに進められるでしょう。

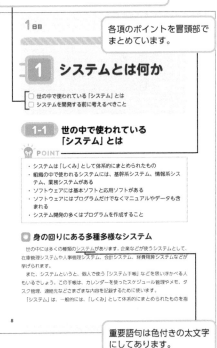

学習内容のリストです。理解できたら□にチェックマークを入れるとよいでしょう。

各項のポイントを冒頭部でまとめています。

重要語句は色付きの太文字にしてあります。

● 本書の小コーナー

用語	まとめて押さえておきたい用語とその解説	COLUMN	システム開発にまつわる昨今の事情などを扱った読み物コーナー
参考	参考までに知っておくと理解が深まる情報	□1日目のおさらい	各章末尾のおさらい問題＆解説で理解をチェック

注意書き

●本書の内容は、2023年5月の情報に基づいています。記載した動作やサービス内容、URLなどは、予告なく変更される可能性があります。

●本書の内容によって生じる直接的または間接的被害について、著者ならびに弊社では一切の責任を負いかねます。

●本書中の社名、製品・サービス名などは、一般に各社の商標、または登録商標です。本文中に©、®、™は表示していません。

目次

1日目 システム開発の全体像を把握する　　7

2日目 「人」を知り、「お金」と「時間」の管理を学ぶ　　33

3日目 「開発するシステムの中身」を決める工程の概要とポイントを知る　　67

4日目　設計工程の概要とポイントを知る　117

5日目　開発・実装工程の概要とポイントを知る　169

6 日目　テストの概要とポイントを知る　207

7 日目　システム完成後の業務について学ぶ　243

1日目

システム開発の全体像を把握する

1 システムとは何か
2 システム開発の全体像

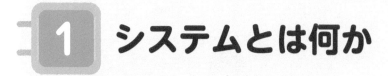

1 システムとは何か

- ☐ 世の中で使われている「システム」とは
- ☐ システムを開発する前に考えるべきこと

1-1 世の中で使われている「システム」とは

POINT

- システムは「しくみ」として体系的にまとめられたもの
- 組織の中で使われるシステムには、基幹系システム、情報系システム、業務システムがある
- ソフトウェアには基本ソフトと応用ソフトがある
- ソフトウェアにはプログラムだけでなくマニュアルやデータも含まれる
- システム開発の多くはプログラムを作成すること

身の回りにある多種多様なシステム

　世の中には多くの種類のシステムがあります。企業などが使うシステムとして、在庫管理システムや人事管理システム、会計システム、経費精算システムなどが挙げられます。

　また、システムというと、個人で使う「システム手帳」などを思い浮かべる人もいるでしょう。この手帳は、カレンダーを使ったスケジュール管理やメモ、タスク管理、連絡先などさまざまな内容を記録するために使います。

　「システム」は、一般的には、「しくみ」として体系的にまとめられたものを指

すことが多く、コンピュータに特化した言葉ではありません。仕事を進めるうえで、適切に管理するためのしくみを指す言葉なので、大小さまざまなものが挙げられます。

◉ システムを構成する「ソフトウェア」と 「ハードウェア」

システムと似た言葉としてソフトウェア（ソフト）があります。仕事で使うソフトウェアとしては、文書作成ソフトや表計算ソフト、プレゼンテーションソフトなどのオフィスソフトや、チャットやテレビ会議、社内の掲示板といったコミュニケーションを円滑にするグループウェアなどがあります。

一般的に、ソフトウェアはハードウェア（ハード）の対義語として使われます。ハードウェアはキーボードやマウス、ディスプレイ、スピーカーなどのほか、コンピュータの中にある CPU やメモリ、ハードディスク、SSD などを指します。ハードウェアは簡単には改変できない物理的な機器のことです。

一方のソフトウェアは、コンピュータの中に保存されている電子データです。そのため、インターネットからダウンロードしたり、処理を実行して書き換えたりすることで簡単に入手したり変更したりできます。

システムは「しくみ」なので、ハードウェアやソフトウェア、ネットワークなどを含めた幅広い概念だといえます。

● システムとソフトウェア、ハードウェアの関係

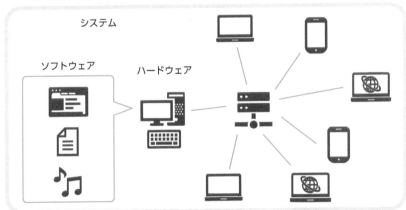

組織の中で使うシステムの分類

世の中に存在するさまざまなシステムのうち、本書では企業などの組織で使うシステムを開発することを考えます。このとき、組織の中で使うシステムは次のように分類できます。

● 基幹系システム

仕事に使うシステムのうち、停止すると業務に多大な影響が出る、もしくは業務が完全に止まってしまうようなシステムを基幹系システムといいます。

たとえば、工場などの生産現場であれば、生産管理システムが停止すると製造できない状況が発生します。販売や倉庫管理などの現場であれば、在庫管理システムが停止すると、現在の在庫が把握できず、商品を販売・出荷できないかもしれません。勤怠管理システムや給与計算システムが停止すると、従業員の給料が支払えないかもしれません。

一般的に、会社の資産として「ヒト・モノ・カネ」が挙げられますが、基幹系システムはこれらを管理するシステムです。新しい技術を導入してシステムを便利にしていくことより、システムが安定して動くことを優先する傾向があります。

● 情報系システム

普段の業務を円滑に進めるために必要なシステムを情報系システムといいます。メールやチャット、スケジュール管理といった機能を備えるグループウェアなどが該当します。

これらのシステムは、使えないと業務に支障は出ますが、電話や手帳などの代替手段によって業務が継続できなくはありません。便利なツールが登場すると乗り換えたりアップデートしたりするなど、新しいものを導入することで業務を改善していくことが好まれます。

● 業務システム

基幹系システムと情報系システムを合わせたものを業務システムといいます。名前のとおり、業務に使うシステムのことで、個人で使うシステムではなく組織として導入するシステムを指します。ただし、最近では情報系システムとほぼ同じ意味で使われることもあります。

🔘 基本ソフトと応用ソフト

ソフトウェアはハードウェア以外の電子データを指すことを紹介しましたが、大きく基本ソフトと応用ソフトに分けられます。

基本ソフトはオペレーティングシステム（OS；Operating System）とも呼ばれ、ハードウェアの制御やコンピュータの基本的な管理を行います。パソコンでは Windows や macOS、スマートフォンでは Android や iOS などがよく使われます。パソコンやスマートフォンを使うために必要なソフトウェアで、電源を入れると起動します。

応用ソフトはアプリケーションソフト（アプリ）とも呼ばれ、基本ソフトに便利な機能を追加するために使われます。前出のオフィスソフトや画像処理ソフトのほか、音楽再生ソフトや Web ブラウザなどが該当します。応用ソフトには、利用者が使いたいものをインストールするもののほか、工場出荷時点で端末に OS とともにインストールされているもの（OS プリインストール）、OS インストール時に同時にインストールされるもの（OS バンドル）があります。

🔘 ソフトウェアとプログラムの関係

ソフトウェアの中心的な役割を果たすのがプログラムです。実行ファイルとも呼ばれ、コンピュータが処理する内容が記述されています。このプログラムを利用者が実行することで、さまざまな機能を使えます。ソフトウェアには、プログラムのほかに設定ファイル、データなどが含まれます。

● ソフトウェアの構成

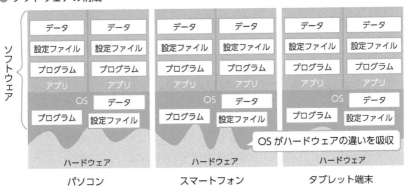

プログラムを作る人を**プログラマ**といいます。プログラマはプログラミング言語と呼ばれる言語を使って処理内容を記述したソースコードというファイルを作成し、それをコンピュータが実行できる形式に変換してプログラムを作成します。

● プログラムの作成

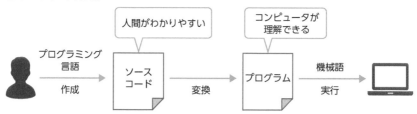

ソフトウェア開発では、ソースコードだけでなく、プログラムの実行に必要なデータや設定ファイルも作成します。たとえば、起動時にロゴ画像を表示するなら画像データが、プログラム内でアイコンを表示するならアイコンのデータが、文字の表示にはフォントのデータが必要です。最近使ったファイルを表示する、前回終了時の画面サイズを保存する、といった場合は設定ファイルが必要です。

当然、利用者にとって使いやすいプログラムを実現するには、見た目の良いデザインも必要ですし、使い方に困ったときに読むマニュアルの作成も必要です。これらまで含んだものがソフトウェアの開発だといえます。

したがって、ソフトウェアの開発には、プログラマだけでなくデザイナーやマニュアル作成者などさまざまな人が参加することになります。

ソフトウェアの開発のうちシステム開発に大きく関わってくるのは、**応用ソフト（アプリケーションソフト）の開発**です。よって本書では、ハードウェアや基本ソフトは既存のものを組み合わせて使用し、その上で動く応用ソフトを開発する場面について解説します。

独自のシステム開発が求められる理由

本書のテーマは「システム開発」です。「システム」はハードウェアを含む概念でしたが、新たなハードウェアの導入は、多くの場合、絶対に必要なものではありません。パソコンを用いた業務の効率化であれば、OS がハードウェアの違いを吸収するためです。パソコンはそのままで、OS の上で動かす応用ソフトを入

れ替えるだけで新たなシステムに対応できます。

それゆえ、多くの企業において「システム開発＝ソフトウェア開発」であり、「ソフトウェア開発＝プログラムの作成」です。つまり、**システム開発という言葉はプログラムの作成を意味すること**が多いといえます。

世の中では、すでにさまざまなプログラムが開発・提供されているので、それらを導入すればシステム開発は不要だと考えられるかもしれません。にもかかわらず、多くの企業が自社でシステムを開発しています。

その理由として、自社に100%合ったシステムが存在しないことが挙げられます。便利なシステムはたくさんありますが、それぞれの会社の業務内容は異なります。このため、業務内容に合わせたシステムの開発が必要なのです。

このとき、同業他社が開発したシステムを少し変更するだけで実現できるなら簡単に思えるかもしれません。前掲の図「プログラムの作成」を考えると、ソースコードがあれば、そのソースコードを少し変更するだけで似たようなプログラムを作成できそうです。

しかし、一般的に企業が自社で開発したソフトウェアのソースコードは公開されません。プログラムが配布されている場合であっても、配布されるのはプログラムだけであり、そのプログラムを自社に合わせて変更することは簡単にはできません。ソースコードが知られると、似たようなソフトウェアを簡単に作成できてしまうため、多くの会社は知的財産としてソースコードを保護しています。

ただし、例外もあります。特定の企業に所属する人だけが開発するのではなく、コミュニティによって開発が進められているものとして**オープンソースソフトウェア（OSS）**があり、開発者がライセンスを指定してソースコードを公開し、そのライセンスの範囲内で使えるようにしています。このライセンスに従う限り無料で使用できるだけでなく、そのソースコードを変更して新たなプログラムを作成することもできます。また、一般的なオープンソースソフトウェアは、ソースコードを変更した場合、変更したソースコードも公開することを求めるライセンスになっています。

自社に合ったシステムをゼロから開発し、ビジネスの内容の変化に合わせて、システムを改良している企業もありますし、オープンソースソフトウェアを組み合わせて新たなシステムを開発している企業もあります。システムの使い勝手や開発費用などを検討し、自社に最適な手法を考えて開発を進めているのです。

システムを開発する前に考えるべきこと

POINT

- システムを開発するときは、用途や条件を考える
- 利用者が使うアプリは、そのアプリが動く環境によってデスクトップアプリやスマホアプリ、Web アプリに分けられる
- ソフトウェアが備える機能だけでなく、システム全体として備えていなければならない特徴を考える

ソフトウェアが動く環境を考える

コンピュータのハードウェアや OS などの構成や設定、導入されているソフトウェア、ネットワークの回線など、あるソフトウェアを取り巻くもの全体の組み合わせのことを、そのソフトウェアにとっての環境といいます。

新たにシステムを開発するときは、そのシステムに含まれるソフトウェアをどういった環境で動かすのかを考えなくてはなりません。この点が十分に検討されていないと、実際に使用する環境で動作しないソフトウェアや、使いにくいソフトウェアができてしまうおそれがあるのです。

たとえば、Windows 向けに作られたソフトウェアは macOS では動きませんし、Android 向けに作られたソフトウェアは iOS では動きません。画面サイズが大きなパソコン向けに開発したソフトウェアを、画面サイズが小さなパソコンで表示すると文字が小さくて見えにくい可能性があります。マウス操作を前提として開発したソフトウェアをタッチパネルで操作するのは難しいものです。

このような環境は、そのシステムを誰がどのような用途・条件で使うのかを考慮して決定します。たとえば、「営業担当者が外出先で使うシステムだから、タブレット端末やスマートフォンで操作することが前提になる」といった具合です。

ここでは、企業のシステム開発で一般的に作られる応用ソフト（アプリ）について考えます。アプリは、その動く環境によって、デスクトップアプリとスマホアプリ、Web アプリの 3 つに分類されます。それぞれの特徴を紹介します。

● デスクトップアプリの特徴

パソコンにインストールして使うアプリ、つまり利用者が使うパソコン本体やその OS が環境となっているアプリを**デスクトップアプリ**といいます。仕事で使うものとして、Word や Excel、PowerPoint などのオフィスソフトのほか、Acrobat などの PDF 作成・閲覧ソフトなどが挙げられます。個人で使うものとしては、年賀状作成ソフトや音楽再生ソフト、写真管理ソフトなどが挙げられます。

これらのデスクトップアプリの多くはインターネットに接続せずに使用できることが多く、プリンタや CD/DVD などのハードウェアの使用も意識して開発されています。もちろん、Web ブラウザやメールソフトなど、インターネットに接続して使用するものもあります。

パソコンの CPU や GPU[※1]、メモリなどのハードウェアを最大限使用できるため、高速な処理が可能で、使い勝手が良い製品が多いのが特徴です。

一方で、パソコンを買い替えたり、データを複数の端末で同期したりしようとすると、少し面倒な場合があります。最近では、オンラインストレージが普及したため、データの管理は楽になりましたが、それでもパソコンを買い替えた場合には、アプリの再インストールが必要です。

開発者の視点では、どうやってこのアプリを配布するのか、という問題があります。1990 年代から 2000 年代では、製品だけでなく雑誌や書籍の付録として CD や DVD が使われており、それを使って配布していました。

しかし、最近ではインターネット経由でダウンロードしてインストールすることが当たり前になりました。ここで考えておくべきことは、インストールしたあとでアプリに修正が発生したときの更新方法です。

Windows Update のように、自動的に更新するしくみを備えたデスクトップアプリもありますが、利用者が手動で更新するものもあります。後者の場合、世の中にさまざまなバージョンを利用している人がいて、そのすべての人に対してそれぞれにサポートを提供することは現実的に難しいため、サポート期間をあらかじめ定めておくのが一般的です。

[※1] Graphics Processing Unit の略。画像処理に特化した装置で、画面に映像を表示したり、座標を変換したりするために使われる。最近では AI の研究や暗号資産のマイニングなどにも使われる。

● スマホアプリの特徴

スマートフォンにインストールして使うアプリ、つまり利用者が使うスマートフォン本体やその OS が環境となっているアプリを**スマホアプリ**といいます。電話や連絡先の管理といった携帯電話に必須の機能だけでなく、カメラアプリや写真管理アプリ、音楽再生アプリ、スケジュール管理アプリなどさまざまなものがあります。

スマートフォンのカメラやタッチパネル、NFC[※2] などで使われるセンサーによって、便利な機能を実現できますが、画面が小さいために、一度に表示できるコンテンツの量が少ないというデメリットがあります。

App Store や Google Play などのアプリストア経由でインストールするものが多く、スマートフォンの機種変更の際にはアプリを再インストールしなければなりません。

開発者の視点では、複数 OS への対応が必要となります。iPhone の利用者に対しては iOS アプリを開発し、Android の利用者に対しては Android アプリを開発します。それぞれのアプリストアにアプリを公開し、利用者にダウンロードしてもらう形です。

iOS と Android では、開発に使うソフトウェアもプログラミング言語も異なるため、ソースコードもそれぞれに作成しなければなりません。同じ OS でも、端末の大きさによって見え方が違うため、テストも複雑です。

最近では、両方の環境に対応できる技術がありますが、いずれにしてもそれぞれのアプリストアで管理する必要があります。

これらのアプリストアに配信すれば、更新が発生した場合は利用者がそこからアップデートするため、デスクトップアプリと比べれば更新データの配布は比較的容易です。ただし、利用者によっては更新されてもそれを適用しない場合があるため、常に最新版を利用しているとは限らないことに注意が必要です。

● Web アプリの特徴

Web ブラウザからアクセスして使うアプリを **Web アプリ**といいます。運営者が用意した Web サーバー上で動作するもので、Web サーバーのハードウェアや OS、ネットワークなどが環境となっているアプリだといえます。利用者は

※ 2　Near Field Communication の略で、IC チップを近づけるだけで通信できる技術。

Web ブラウザとネットワークを用意すれば使用できます。

　検索エンジンやメール、ニュースサイトやショッピングサイト、オンラインバンキングなど多くのサービスが提供されています。無料のサービスの中には、広告を表示することで、運営者が開発費や運営費を賄っているものがあります。有料のサービスの場合は、月額の利用料を支払って使用することが一般的です。

　データはサーバーに保存されていますが、サーバーがどこにあるのかを利用者が意識する必要はありません。パソコンやスマートフォンを買い替えても、同じアカウントでログインすればそれまでのデータを使用できることが多く、便利です。ただし、使用にあたってはインターネットへの接続が必須です。

　開発者の視点では、Web サーバー上にアプリを配置するだけで最新の内容を提供できるのが、デスクトップアプリやスマホアプリと異なる点です。利用者はWeb ブラウザ経由でアクセスし、データもプログラムも Web サーバー上にあるため、プログラムに変更が発生すれば、Web サーバー上のプログラムを変更するだけで利用者の画面に反映されます。

　ただし、Web ブラウザによって見た目や挙動が変わる可能性があるため、さまざまな Web ブラウザで動作を確認しなければなりません。

　また、Web サーバーを管理する負担が大きくなることが考えられます。デスクトップアプリやスマホアプリでは利用者の端末上で処理が実行されるため、利用者数が増えても問題ありませんが、Web アプリの場合は利用者数に応じてサーバーの負荷が増加します。さらに、外部から攻撃を受けるリスクもあります。

◎ 開発前に考えておくべきその他のポイント

　システムを開発する前に考えておくべきことは、ソフトウェアが動く環境だけではありません。そのほかにおさえておきたいポイントを 3 つ紹介します。

● 多人数が同時にアクセスするか

　「そのシステムを誰が使うのか」を見定め、どのくらいの人がアクセスするのかを考えることは、前述の「ソフトウェアが動く環境」と同時か、もしくはその前の段階から考えます。

　情報系システムは多くの人が同時にアクセスするのが当たり前です。たとえば、社内掲示板や社内の連絡先を管理するシステムを作るのであれば、データベース

17

などにデータを保存し、Web アプリとして開発することが求められます。同じ組織内 (社内) の人しかアクセスできないようにする場合は、社内用に Web サーバーを構築してイントラネット[※3] として運用する方法もあります。

　一方で、工場などで使うシステムには、機械に直結してセンサーからの値を取得し、生産状況を把握するために使われるものがあります。現場にいる担当者が状況を確認し、調整するのであれば、1 台のパソコンの中だけで処理が完結します。複数人がアクセスする機能よりも、熟練した技術者によって機械が備える設定値を柔軟に変更できるような機能を作ることが求められます。

● データをどこに保存するか

　データをインターネット上に保存すれば、会社内だけでなく外出先や自宅からもアクセスできます。リモートワークも増えているため、多くの企業がクラウドやレンタルサーバーなどインターネット上にデータを保存しています。

　一方で、インターネット上に重要なデータを保存することに抵抗感がある企業も多くあります。そうした企業では、情報漏えいを防ぐため、社外からはアクセスできないようにデータを社内に保存しています。

● 操作する人のスキルは一定か

　誰が使うのかによって、システムの操作画面などの見た目に求められるものが変わってきます。一般の利用者が使うシステムであれば、直感的な操作が求められ、入力項目などについては詳しい説明やマニュアルが必要です。高齢者が使う可能性があれば文字サイズを変更する機能を、こどもが使う可能性があればひらがなで表示する機能を備える必要があるかもしれません。

　一方で、社内の事務担当者が使うシステムであれば、少し使えば慣れるため、説明書きや直感的な操作よりも効率よく操作できることが重要です。たとえば、マウスやタッチパネルでの操作よりも、キーボードでスムーズに画面を操作できることが求められる傾向にあります。

　システム開発の方向性を定めるために、これらのことを最初に意識するように心がけましょう。

※3　企業などの組織の内部だけで使用できるプライベートなネットワーク。インターネットで使用されているものと同じプロトコル (通信規約) を使用する。

2 システム開発の全体像

☐ システム開発の流れ
☐ 開発手法の選択

2-1 システム開発の流れ

 POINT

・ 開発工程は要件定義、設計、開発・実装、テストという流れで進められる
・ システム開発が終わると、運用、保守という工程がある

◉ 開発工程

　システムを開発するとき、いきなりソースコードを書いてプログラムを作成するわけではありません。家を建築するときに設計が必要なように、システムの開発でも設計作業が必要です。事前に設計されていないと、あとから変更が発生して膨大な手戻りが発生する可能性があります。

　システムの開発は、大きく分けて次ページの図のような工程で進められます。それぞれについて、次のページ以降で詳しく解説します。

● 開発工程

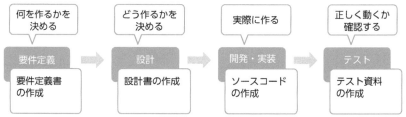

● 要求分析と要件定義

　システムを開発する前に、そのシステムで実現したい内容を整理する必要があります。この段階を要件定義といい、さらに細かく要求分析と要件定義に分けて考えます。

　「はじめに」でも紹介したように、一般的なシステム開発では、新たなシステムを開発したいと思ったとき、システム開発会社に依頼することが多いものです。このとき、システムを開発してほしい人や会社のことを発注者、システムを開発する人や会社のことを受注者といいます。もちろん、プログラミングスキルのある人が自分で開発することもあります。この場合は、発注者と受注者が同じであると見なせます。

　発注者と受注者が異なる場合、発注者が考えていることを受注者に伝えなければなりません。このように、システム化にあたって発注者が持つ要望や、現在課題に感じていることを整理する段階を要求分析（要求定義）といいます。

　要求分析によって発注者の要望を聞き出したあと、実現可能性や費用面なども考慮しつつ、システムで実現する範囲を発注者と受注者が調整して決定します。これを要件定義といいます。

　システム開発で実現する品質や範囲を要件定義の段階で決めておかないと、あとから要望が追加され、開発が終わらなくなる可能性があります。要求分析は発注者側の要望を整理すること、要件定義は開発側として実現することを文書として作成するステップだといえます。

　詳しくは 3 日目で解説します。

1
日目

2

システム開発の全体像

● 設計

要件定義が終わると、その内容をどのようなシステムで実現するかを考えます。これを設計といい、基本設計（外部設計）と詳細設計（内部設計）の2つの段階に分けられます。

基本設計では、利用者の視点で画面イメージや出力される帳票、システム内部で扱うデータ、ほかのシステムとのやりとりなどを決定します。一方、詳細設計では開発者の視点で、内部の動作やデータ構造、モジュールの分割方法などを考えます。一般的には、基本設計で What を、詳細設計で How を考えるといわれます。

詳しくは4日目で解説します。

● 開発・実装

設計後は、実際にプログラミング言語を使ってソースコードを作成するコーディングや、実行環境を整備するためにサーバーの構築や必要なソフトウェアのインストールなどを行います。これを開発や実装といいます。

詳しくは5日目で解説します。

● テスト

プログラムを作成したとき、そのプログラムが正しくデータを処理できるか確認する作業は必須です。そこで、実装後は、開発したシステムの動作を確認するテストが行われます。正しいデータを正常に処理できることはもちろん、誤ったデータが与えられたときも異常終了することなく適切な処理を実行する必要があります。

テストを実施したところ、想定と異なる結果になってしまったときは、その原因を調査し、プログラムを修正する必要があります。早い段階で問題を見つけるために、開発工程のさまざまな段階でチェック項目に合わせたテストが実施されます。

詳しくは6日目で解説します。

ここまでの流れは次ページの図のV字モデルのように表現されます。テストは細かく分けられており、詳細設計の内容を満たしているかを単体テストで確認する、基本設計の内容を満たしているかを結合テストで確認する、要件定義の内容

を満たしているかをシステムテストで確認する、要求分析の内容を満たしているかを受入テストで確認する、という具合です。

● V字モデル

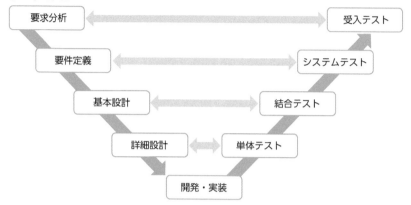

運用や保守の工程

　前掲の V字モデルの流れは、一般的に**プロジェクト**として進められます。このプロジェクトとは、ある目的を達成するために一時的に集めた複数の人員で構成される組織によって遂行される業務を指します。対象のシステム開発を成功させるという共通のゴールを目指して集まるため、受注者だけでなく発注者もプロジェクトを遂行する組織の一員だといえます。

　V字モデルのすべての工程が済み、システムの開発が終われば、そのプロジェクトとしては終了します。しかし、システム開発の仕事がすべて完了するわけではありません。開発が終わると、そのシステムを使える状態にして、利用者が普段の業務の中で動かす段階に入ります。

　一度システムを作ったあとは何もしなくてよいのであれば楽ですが、実際にはシステムを適切に管理するためにさまざまな作業が必要となります。データはバックアップを取得しなければなりませんし、正しい結果が得られているか定期的に確認する作業も必要です。

　インターネットに公開した Web アプリの場合には、外部から攻撃を受けるかもしれませんし、複数の人が同時に使うことで Web サーバーがダウンするかも

しれません。データ使用量が多くなることでサーバーのディスク容量が不足する状況が発生するかもしれません。

　このように、システムの開発が終わると今度は運用の作業が発生します。運用とは、システムを日常的に問題なく稼働させることを指します。具体的な作業としては、バックアップの取得、攻撃が行われていないかの監視といったものに加え、定期的な点検でのシステムの起動や停止、再起動などが挙げられます。

　また、システムを使っていると、改善が必要な部分が出てくることもあります。不具合が見つかったり、新たに機能を追加したくなったりした場合です。こういった不具合の修正や機能追加を保守といいます。具体的には、システムのアップデートや不具合の調査、修正や復旧作業、新しいプログラムの追加などが該当します。

　それぞれについて詳しくは7日目で解説します。

● 運用と保守の違い

	運用	保守
目的	システムの安定稼働 （障害の予防）	システムの改善（最新内容の反映、障害からの復旧）
定期的な作業	システムの起動・停止・再起動、 バックアップの取得、 システム監視	定期点検、対応状況の報告
突発的な作業	ユーザーからの問い合わせ	システムのアップデート、 不具合の調査・修正、 障害復旧作業、機能追加

2-2 開発手法の選択

POINT

- システム開発プロジェクトにおけるソフトウェアの開発手法として、ウォーターフォールとアジャイルがよく使われる
- アジャイルと似た考え方にスパイラルやプロトタイプがある
- 開発と運用をセットにした DevOps という考え方が注目されている

ウォーターフォールとアジャイル

システム開発プロジェクトにおけるソフトウェアの開発は前述の V 字モデルで紹介したように、要件定義、設計、実装、テスト、そして運用という大きな流れがあります。この流れに沿って開発を進める手法をウォーターフォールといいます。

滝が流れるように進むことから名付けられたもので、金融機関などの大規模なプロジェクトで使われています。実装やテストといった工程になってから設計段階でのミスや漏れに気づくと修正が大変になるため、手戻りが発生しないように上流工程で注意深く確認し、ドキュメントなどを整備したうえで開発が進められます。

Web 系のシステム開発などでは、技術の変化が激しく、新しい技術が次から次へと登場します。利用者が使うパソコンやスマートフォンの機能も常にバージョンアップを繰り返しており、最新の技術を使えるようになっています。こうした状況下では、競合他社製のシステムに比べて機能が少ない、話題になっている機能を備えていないなどの理由で、せっかく開発したシステムの発注者にとっての価値が短期間で低下してしまいます。

こうした世の中の変化に素早く対応するには、機能の追加・変更が頻繁に発生することを前提とした開発手法が必要になります。あらかじめ仕様を明確に定めるウォーターフォールは、それほど柔軟な開発手法とはいえません。そこで、繰り返し型の開発手法が採用されるようになりました。

● 繰り返し型の開発手法

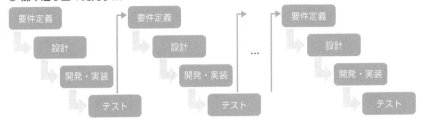

繰り返し型の開発手法はよく**アジャイル**と呼ばれます。「素早い」「機敏な」と訳されるように、要件定義からテスト、そしてリリースまでのサイクルを小さい単位で繰り返すことで、仕様変更や問題が発生した場合にも臨機応変に対応できます。

ただし、ウォーターフォールと比べて、当初の見積とは費用やスケジュールが大幅に変わってしまいやすい面があります。変更が繰り返されることによる開発者のモチベーション低下のリスクもあります。

なお、このアジャイルの考え方の本質は、短期間で開発のサイクルを繰り返すことではありません。2001年、米国において、当時「軽量ソフトウェア開発手法」と呼ばれていた分野で有名であった人たちが一堂に会して開発手法について議論し、その成果は、「アジャイルソフトウェア開発宣言」として発表され、広く知られることとなりました。この宣言には、次のように書かれています。

● アジャイルソフトウェア開発宣言
  (http://agilemanifesto.org/iso/ja/manifesto.html より)

> 私たちは、ソフトウェア開発の実践
> あるいは実践を手助けをする活動を通じて、
> よりよい開発方法を見つけだそうとしている。
> この活動を通して、私たちは以下の価値に至った。
>
> プロセスやツールよりも**個人と対話**を、
> 包括的なドキュメントよりも**動くソフトウェア**を、
> 契約交渉よりも**顧客との協調**を、
> 計画に従うことよりも**変化への対応**を、
>
> 価値とする。すなわち、左記のことがらに価値があることを
> 認めながらも、私たちは右記のことがらにより価値をおく。

1
日目

2
システム開発の全体像

これを見ると、アジャイルは開発手法というよりも「思想」であることがわかります。変化に対応するために必要なのは対話であり、顧客（発注者）に見せられる動くソフトウェアであり、その顧客と協調することである、という考え方がアジャイルソフトウェア開発では求められています。

これを実現するために、「スクラム」や「XP (eXtreme Programming)」、「FDD (Feature Driven Development)」、「RUP (Rational Unified Process)」「リーンスタートアップ」など多くの手法が提案されています。

用語

スクラム
ソフトウェアの開発を「スプリント」と呼ばれる短期間で区切り、その期間内で設計や実装、テストなどを繰り返す手法。その期間で作るものを明確にし、優先度の高いものから着手することで効率的に開発を進める。

XP (eXtreme Programming)
仕様の変更があることは当然だと考えて、変更に積極的に対応する開発手法。ソースコードを重視し、複数人で1台のコンピュータを使ってプログラミングする「ペアプログラミング」や、ほかの人がコードをチェックする「コードレビュー」などでコードの品質を保つ。

FDD (Feature Driven Development)
ユーザー機能駆動開発と訳され、発注者や利用者にとって価値ある機能を重視する開発手法。ビジネスの目線で必要な機能を洗い出し、反復的に開発を繰り返して、実際に動くものを提供する。

RUP (Rational Unified Process)
システムの「振る舞い」を中心に考え、短期間に開発プロセスを繰り返す反復型で進める開発手法。組織やプロジェクトに合わせてカスタマイズして使われることが多い。

リーンスタートアップ
仮説検証を繰り返しながら進める開発手法。最小限のコストで開発して速やかに運用を開始し、発注者の反応を見て改善を繰り返すことで、需要に合わない製品やサービスが作られてしまうことを防ぐ。

スパイラルとプロトタイプ

短期間に開発のステップを繰り返す開発手法として、スパイラルやプロトタイプという方法があります。これらは設計と試作を繰り返して開発する手法で、試作品を作ることで発注者もイメージを確認できます。

一般的に、スパイラルでは機能単位で開発のステップを繰り返しますが、プロトタイプでは全体像のラフな試作品を作り、その試作品に対するフィードバックを受けて改良するサイクルを繰り返します。

つまり、システムの全体像を考えたときに、スパイラルは一部から完成させていく傾向が強いのに対し、プロトタイプでは全体を少しずつ完成形に近づけていくイメージです。

● スパイラルやプロトタイプの進め方

スパイラルのイメージ

プロトタイプのイメージ

このため、プロトタイプには、複数のシステムを個別に開発するよりも全体的なイメージを掴みやすいというメリットがあります。作ってから「イメージと違った」という事態になることを避けられるだけでなく、個々の部分を見ているだけでは気づきにくいような問題点に早期に気づけます。

一方で、プロトタイプを採用すると、開発中に依頼者の要望が多くなって、試作品ばかりを作ることになり、期間内に完成しないリスクが高まります。これは、スケジュールだけでなく費用にも影響します。

◎ DevOps

　システムの開発と運用・保守は同じ人が担当するわけではありません。多くの
システム開発会社では、主に開発を担当する部門と、運用や保守を担当する部門
が分かれています。

　しかし、最近は開発から保守まで同じチームで一貫して担当する体制を構築し
ている会社が登場しています。システムについては開発した人が一番詳しいため、
その人が運用も行うことで信頼性が向上するだけでなく、保守における生産性の
向上も期待できます。

　このような体制を DevOps といいます。Development（開発）と Operations
（運用）の先頭をとった言葉で、これらが密に連携することを指します。エンジニ
アのスキルを開発から運用まで幅広く磨けるだけでなく、顧客のニーズにも応え
やすくなるため、注目されています。

　なお、DevOps は導入するだけでは意味がなく、「お互いを尊重する」「お互い
を信頼する」「失敗に対して健全な態度をとる」「非難を避ける」という組織文化
を醸成することが求められる、といわれています。これは、メンバー間のコミュ
ニケーションが重要であることを意味しています。

　頻繁な機能追加や不具合の修正など、継続的に開発と運用を繰り返すためには、
それぞれの役割分担をはっきりと決めてしまうのではなく、同じ方向を向いてシ
ステムの価値を最大限に高めるために協力する体制が求められます。

● DevOps での役割分担の変化

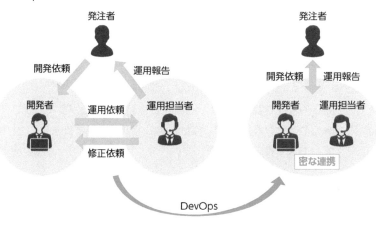

◎ 1日目のおさらい

｜問題

Q1
次のうち、情報系システムに該当するものをすべて選んでください。

A. 社内掲示板システム　　B. 電子メールシステム
C. 財務会計システム　　　D. チャットアプリ

Q2
次の説明のうち、正しいものを選択してください。

A. ハードウェアは有料だがソフトウェアは無料である
B. ソフトウェアにはプログラムだけでなくマニュアルやデータも含まれる
C. デスクトップアプリはデスクトップパソコンのみで使える
D. OS は応用ソフトに分類される

Q3
次の3つの文は、営業担当者が使うアプリについて書かれたものです。（　）に入る適切なアプリの種類を記述してください。

・営業担当者が外出先からリアルタイムにほかの営業担当者の報告内容を確認するためには、インターネット経由で入力・確認できる（　①　）が便利である。
・営業担当者が帰社後に長文を入力する場合には、キーボードからの入力が容易な（　②　）が便利である。
・営業担当者が外出先で、翌日に整理するためのメモを入力するときには、手軽に入力できる（　③　）が便利である。

①＿＿＿＿＿＿＿　　②＿＿＿＿＿＿＿　　③＿＿＿＿＿＿＿

Q4

次の開発工程を正しい順番に並べ替えてください。

A. 設計　　B. テスト　　C. 要件定義　　D. 開発・実装

_____→_____→_____→_____

Q5

開発工程のV字モデルにおいて、単体テストとシステムテストの間に位置する工程として正しいものを選択してください。

A. 中間テスト　　B. 期末テスト
C. 結合テスト　　D. 受入テスト

Q6

アジャイルソフトウェア開発宣言において、次の文章の（　）に入る適切な言葉を解答群から選んでください。

プロセスやツールよりも（　①　）を、
包括的なドキュメントよりも（　②　）を、
契約交渉よりも（　③　）を、
計画に従うことよりも（　④　）を、
価値とする。

【解答群】
A. 動くソフトウェア　　B. 変化への対応
C. 顧客との協調　　　　D. 個人と対話

①_____　　②_____　　③_____　　④_____

Q7

開発から保守まで一貫して対応する体制を指す言葉として正しいものを選択してください。

A. SecOps　　B. DevOps　　C. NetOps　　D. AIOps

解答

A1　A、B、D

組織で使うシステムとして基幹系システムと情報系システムがあります。情報系システムは普段の業務を円滑に進めるためのシステムで、選択肢にある「A. 社内掲示板システム」や「B. 電子メールシステム」、「D. チャットアプリ」などが該当します。「C. 財務会計システム」は停止すると業務に多大な影響が出るシステムで、一般的に基幹系システムに分類されます。

⇒ P.10

A2　B

ソフトウェアにはプログラムだけでなくマニュアルやデータも含まれるため、B が正解です。有料のソフトウェアは存在するため A は不正解です。デスクトップアプリはデスクトップパソコンだけでなくノートパソコンでも使用できるため、C も不正解です。OS は基本ソフトに分類されるため、D も不正解です。

⇒ P.11～12

A3　① Web アプリ　②デスクトップアプリ　③スマホアプリ

インターネット上で提供され、Web ブラウザなどから利用できるアプリを Web アプリといい、外出先からの報告などをリアルタイムに確認できて便利です。長文などの入力には、パソコンのキーボードが便利で、デスクトップアプリが使われます。短いメモの入力であれば、いつでもどこでも入力できるスマホアプリが便利です。

⇒ P.15～17

A4　C → A → D → B

開発工程は要件定義→設計→開発・実装→テストという順に進められます。

➡ P.20

A5　C

開発工程のうち、テストは単体テスト→結合テスト→システムテスト→受入テストという順に進められます。

➡ P.22

A6　① D　② A　③ C　④ B

アジャイルソフトウェア開発宣言は本文に記載したとおりです。

➡ P.25

A7　B

開発から保守まで一貫して対応する体制を「開発」と「運用」の先頭からとって DevOps といいます。SecOps は「セキュリティ」と「運用」、NetOps は「ネットワーク」と「運用」、AIOps は「人工知能」と「運用」をそれぞれ掛け合わせた言葉です。

➡ P.28

2日目

「人」を知り、「お金」と「時間」の管理を学ぶ

1 システム開発に関わる組織と人
2 費用とスケジュールの管理

1 システム開発に 関わる組織と人

- ☐ システム開発企業と自社開発
- ☐ いろいろな契約形態
- ☐ システム開発に関わる職種

1-1 システム開発企業と自社開発

 POINT

- ・ システムを自社開発できない場合は、社外への依頼を検討する
- ・ システム開発から運用まで一括で対応している会社としてシステムインテグレーター（SIer）がある
- ・ 自社開発では、社内に知識を残せる、スケジュールに融通が利きやすいなどのメリットがある

◉ 自社で開発できるか

　独自のシステムを開発したいとき、大企業であれば自社に情報システム部門があるため、そこで取りまとめて開発することも多いでしょう。システムの利用者だけでなく開発者も自社の業務内容に詳しいため、曖昧な仕様を伝えるだけでも必要なシステムをある程度把握してもらえるのは 1 つのメリットといえます。

　しかし、小さな企業では情報システム部門がなく、中規模の組織でも、IT 系の会社でなければ、情報システム部門の担当者が 1 人という場合は多いです。

　このような状況では、自社で独自のシステムを開発することは難しく、社外の専門的な業者に依頼することになります。しかし、どのような会社に頼めばいいのかわからない、どのくらいの費用がかかるのかわからない、どのくらいの作業

期間が必要になるのかわからない、という状態では発注すらできません。

　システム開発を外注するとき、その発注先としてどのような会社があり、どのような契約形態が使われているのかを知っておきましょう。

システムインテグレーター（SIer）

　自社に開発部門がなければ、システム開発を専門としている企業に依頼するのが手っ取り早いでしょう。システム開発の専門企業として、要件定義から設計、開発、その後の運用までを含めて一括で請け負う会社を**システムインテグレーター**といいます。英語では System Integrator で、略して **SIer** と呼ばれます。

　システムインテグレーターはメーカー系、ユーザー系、独立系に分類され、それぞれ得意とする分野が異なります。

メーカー系

　コンピュータのハードウェアメーカーなどの情報システム部門が独立してできた会社を指します。親会社から依頼されるシステム開発の案件が多く、開発者の数も多いため大規模な案件にも対応できます。

　開発するシステムに使うハードウェアが親会社の製品に縛られることが一般的で、複数のメーカーの製品を組み合わせた柔軟な構成は期待できませんが、比較的枯れた技術[1]を使う傾向があるため、安定したシステムを作るのが得意です。

ユーザー系

　銀行や通信など、IT がメインではない会社の情報システム部門が独立してできた会社を指します。メーカー系のように特定のハードウェアに縛られず、柔軟な開発が可能である、といった特徴があります。

　親会社からのシステム開発の案件が多いことはメーカー系と同じですが、開発者がそれほど多くない企業もあります。このため、企画や要件定義といった得意とする工程をまず自社で行い、それ以降の開発や運用といった部分は外部の開発者と協力して進めたり、ほかの下請け会社に発注したりする場合が多いです。

※1　開発から時間が経ち、不具合などが少なくなっている技術を指す。良い意味で使われることが多い。

● 独立系

　メーカー系やユーザー系のような特定の会社の情報システム部門との関わりは持たず、システム開発を専門的に行う会社を指します。SIerの大半が独立系に分類されるほど、多くの会社が存在します。

　特定のハードウェアに縛られないのはユーザー系と同様で、携わる案件の幅が広いのが特徴です。請け負う案件は比較的小規模なものがメインとなります。

　要件定義などの上流工程よりも開発・実装の工程を担当することが多いため、在籍しているプログラマの技術力は高いといえます。

　システムインテグレーターに発注すると、要件定義から設計、開発・実装、テスト、運用まですべてを任せられる安心感があります。ただし、必ずしも1社ですべての工程を実施するわけではなく、1つのシステム開発に複数の会社が携わり、一部の工程が下請け会社や孫請け会社に発注されることは少なくありません。

● 下請けと孫請けの関係

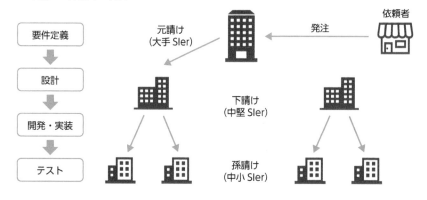

◎ 自社開発

　SIerにシステム開発を依頼すれば、開発の進捗状況を管理するだけでシステムができますが、発注者側には知識が残らないというデメリットがあります。システムに問題が発生した場合や、機能を追加する場合も、その都度SIerに依頼しなければならず、維持管理の費用が予想以上に膨らむことが少なくありません。

こういった状況を避けたいときは、自社で開発することを検討します。自社で使うシステムを自分たちで開発することには、開発者が愛着を持って開発に取り組めるというメリットがあります。また、パッケージソフトなどを自社で開発し、社外に提供するのであれば、ヒットして大きな利益が出るなどほかの社員も恩恵を受けられる可能性があり、システム開発がコストから投資に変わります。

自社開発にはスケジュール上のメリットもあります。納期を定めた契約などがなかったり、ほかの業務のちょっとした空き時間を利用して業務の効率化を進めたりすることで、開発者が無理に残業をすることなく開発を進められるのです。その反面、いつまで経っても開発が終わらず、開発者のモチベーションが下がってしまうおそれがあることがデメリットとして考えられます。

さらに、社内であれば開発者同士で自由に意見が言いやすく、コミュニケーションが活性化しやすいこと、開発したものに対して直接的な評価が得られることも、自社開発のメリットだといえます。その一方で、社外との交流や新しい技術の導入、開発効率を高める工夫、システム環境の最適化といった取り組みなどが少なくなりがちなため、開発者のスキルに偏りが出る可能性もあります。

 COLUMN

なぜ情報システム部門を分社化するのか

メーカー系やユーザー系のシステムインテグレーターなどが別会社として情報システム部門を分社化する背景には、さまざまな理由があります。わかりやすい例としてよく挙げられるのが、ユーザー系のシステムインテグレーターのケースです。この場合、親会社はIT系ではないため、情報システム部門は売上に貢献せず、会社にとってコストだと考えられます。そこで、この部門を分社化し、専門的な会社として独立させることで、他社の仕事を請け負えるようにします。そうすることで、売上を増やすことをねらっているのです。

人材の確保においても有効な面があります。情報システム部門は、会社の中で少しコンピュータに詳しい程度の人が任されることが少なくありません。この場合、プログラミングなどの深い知識を持つ人がおらず、モチベーションも低くなりがちです。しかしこれを分社化すれば、給与体系をIT業界の体系に合わせられ、ITに詳しい人を採用しやすくなります。

2
日目

1
システム開発に関わる組織と人

1-2 いろいろな契約形態

POINT

- システム開発の契約形態として、請負契約、準委任契約、派遣契約、レベニューシェアがある
- 最近ではフリーランスの開発者も増えている

契約形態による業務の違い

ここでは、外部の会社にシステム開発を委託する、もしくは外部の会社からシステム開発を受託することを考えます。このような形態をアウトソーシングといい、このときに締結する契約として業務委託契約や派遣契約があります。この業務委託には、大きく分けて「請負契約」「準委任契約」といった契約形態があり、最近では「レベニューシェア」という契約形態も採用されています。

これらを比較検討するときには、納期や質、費用などを考えるだけでなく、責任の所在や指揮権の有無、成果物の権利（所有権や知的財産権）などの条件を明らかにしておく必要があります。また、トラブルが発生した場合に備えて、損害賠償の範囲などについても確認しておきます。

それぞれの契約形態にはメリットとデメリットがあるため、その特徴を理解して開発を委託、受託するようにしましょう。

請負契約

SIerなどに開発を依頼するとき、よく使われる契約形態が請負契約です。発注者側が要望したシステムの完成を求める契約で、発注者と受注者の間で事前に定めたスケジュールや金額でシステム開発を請け負います。

発注者側としては、契約時に定めた金額以外を支払う必要がないため、予算などの計画を立てやすいというメリットがあります。受注者側にとっても、その期間内でシステムを完成させれば、当初の見積金額が得られるため、効率よく開発を進められれば、大きな利益を獲得できる可能性があります。

38

システムの完成が求められるため、システムが完成しなければ発注者側は代金を支払う必要はありません。また、不具合などが存在したときは、修正を無償で依頼できることがあります。

ただし、システムの要件が明確になっていないと、トラブルになる可能性があります。依頼した内容に不備があったためにその不備を抱えたまま成果物が納品されてしまうといったケースです。その場合、発注者側に納品されたシステムが使い物にならなくても、受注者は「要求されたシステムを完成させた」と主張することがあります。

また、途中で仕様が変更になると追加の費用がかかる可能性もあります。このため請負契約は、成果物が明確になっていないと適用しにくい面があります。

◉ 準委任契約（SES）と派遣契約

自社にシステムを開発できる人がいても、開発規模が大きければ人が足りなくなる場合があります。このようなときは、外部のシステム開発会社から何人か開発者を派遣してもらい、自社に常駐してもらって開発を進める方法があります。

このときの契約形態として、**準委任契約**と**派遣契約**があります。準委任契約はSESとも呼ばれます。請負契約との違いは、システムの完成に対して支払いをするのではなく作業の時間単位で支払いをすることです。

● 準委任契約と派遣契約の違い

	請負契約	準委任契約	派遣契約
完成責任	あり	なし	なし
瑕疵担保責任	あり	なし	なし
指揮命令権	受注者	受注者	発注者
支払い	一括が多い	時間単位	時間単位

支払いが時間単位であるため、途中で仕様変更が発生しても柔軟に対応しやすいというメリットがあります。開発のスケジュールが遅延した場合はその時間分の費用が追加で発生することもありますが、要件が明確になっていない段階でも比較的適用しやすい契約形態だといえます。

準委任契約と派遣契約の違いとしては、指揮命令権の所在があります。たとえ

ば、開発内容について変更が発生したとき、派遣契約であれば指揮命令権が発注者にあるため、現場で直接作業者に指示を出せば対応してもらえます。

　一方で、準委任契約では、指揮命令権が受注者にあるため、受注者であるSES企業に連絡して、SES企業から作業者に指示してもらう必要があります。

● 指揮命令権の違い

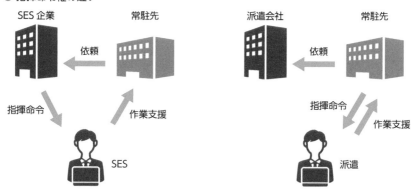

　ただし、SESでは指揮命令者を契約書に明記することはあまりなく、誰に指揮命令権があるのかあやふやになることが少なくありません。また、派遣契約には「3年ルール」と呼ばれる規定があり、同じ職場では最大3年しか働けません。つまり、業務内容を教えてスキルを身に付けさせたとしても、3年程度でほかの人に代わってしまう可能性があるということです。もし同じ職場で働きつづけてほしい場合には、正社員や契約社員などに雇用形態を切り替える必要があります。

🔘 レベニューシェア

　新しくシステムを開発して、それを使ってビジネスを始めようとしている場合、その事業がうまくいくとは限りません。売上もまったくない状態で、大金を注ぎ込んでシステムを開発することは、そのシステムが使われず、顧客が増えないかもしれない可能性を考えると、会社にとって大きなリスクです。

　そこで、レベニューシェアと呼ばれる成果報酬型の契約が適用されることがあります。この契約によってシステム開発を受注した会社は、無償または安価で開発を行いますが、そのシステムを使った事業が成功した場合には、事業の売上や

収益に応じて契約時に決めた割合で報酬を受け取るというしくみです。

　事業が大きく成長すれば、通常のシステム開発よりも大きな利益が得られる可能性があるため、システム開発会社は積極的に事業に貢献しようという意識が働きます。また、発注者は、開発費のリスクが少なく済むメリットがあります。

　一方で、システム開発会社にとっては、事業がうまくいかないと、収益がほとんど得られないというデメリットがあります。そこで、最低保証金額を設定するなど、発注者と受注者の間でさまざまな契約の工夫が考えられています。

　通常のシステム開発では、開発したシステムが大きな売上を出しても開発者の人月単価の給与には反映されないため、モチベーションが上がらないという問題があります。レベニューシェアは、それを解決する意味で注目されています。

◉ フリーランスへの依頼

　小規模な案件であれば、フリーランスのエンジニアに開発を依頼することもできます。フリーランスは特定の会社に所属することなく働いている開発者で、個人事業主が多いです[2]。このような場合、さまざまな契約形態が考えられます。

　開発の全体を任せるような場合には、SIer に依頼するときと同じように、請負契約を結ぶ方法が考えられます。フリーランスらしく好きな場所で働きながら開発を進める契約です。

　また、SES のようにオフィスに常駐して開発してもらうような契約や、フリーランスが派遣会社に登録している場合は派遣契約もできます。

　フリーランスの場合、技術力や経験年数などに応じて、依頼にかかる金額は大きく変わってきますが、企業に発注するよりも比較的安価に契約できることが多いです。

　費用面以外でも、会社への発注とはさまざまな面で異なります。特定の個人との契約には、メリットとデメリットの両面があります。相手が信頼できる人であれば、その人との取引となるため、人事異動などにより担当者が途中で変わるおそれがなく、安心して仕事を依頼できます。一方で、その人が事故にあうなどのトラブルが発生すると、連絡がつかなくなるといったリスクもあります。

※2　本業の傍らで、開業届を出さずに副業としてエンジニアの仕事をしている人もいる。

1-3 システム開発に関わる職種

- システム開発はプロジェクトとして進められ、プロジェクトマ
  ネージャーが管理する
- システムエンジニアは設計書などを作成し、プログラマはプログ
  ラムを作成する
- そのほかにもテスターやデザイナー、オペレータなどの職種が関
  わる

各工程における役割分担

　システム開発は「プロジェクト」として進められることが一般的です。プロジェクトとは、ある目標を一定の期間に達成するもので、一般的には複数の人が参加してチームで作業します。このとき、どのような役割を持つ人がプロジェクトに関係しているのかを知っておかないと、作業の分担が曖昧になり、トラブルになることがあります。

　ここでは、システム開発を受注した SIer の立場で考えてみます。SIer はシステム開発全般に関わります。プロジェクトチームを組んで、工程に応じた職種のメンバーが開発にあたるとすると、それぞれの職種が担当する工程は一般的に図のようになります。各職種の詳しい業務内容は、次ページ以降で紹介します。

● 開発工程と各職種の作業負荷のイメージ

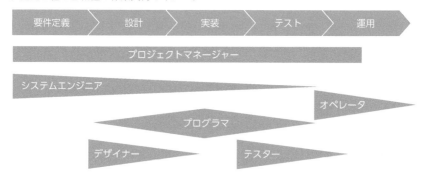

プロジェクトマネージャー(PM)

プロジェクトは期間（期限）が定められていることが特徴です。その期限までに達成すべきゴールを明確にすることで、全員の目的を一致させます。プロジェクトの進行を管理し、円滑に進める役割を果たすのが、**プロジェクトマネージャー(Project Manager)** です。英語の頭文字をとって、**PM** と略されます。

プロジェクトマネージャーの仕事として、次の表のようなものがあります。

● プロジェクトマネージャーの仕事の例

仕事	概要
計画の立案	企画の作成、顧客との調整、見積など
スケジュールの管理	タスクの進捗管理、納期の遵守など
予算の管理	費用の計算、取引先との交渉など
人員の管理	人材の採用・確保・教育など
スコープ（業務範囲）の管理	チームの編成、他部署との調整など
リスク管理、トラブル対応	リスクの予見、阻害要因の排除など
報告書の作成	品質の確保、課題や問題点の報告、評価など

なお、プロジェクトのように一定の期間で業務を終えるのではなく、開発するシステムが販売目的のプロダクト（製品）であれば、期間を定めずに開発を進めます。この製品に関わるすべてを管理するマネージャーのことを**プロダクトマネージャー(Product Manager)** といい、一般に **PdM** と略します。プロジェクトマネージャーはそのプロジェクトの完遂が目標になりますが、プロダクトマネージャーはその製品の販売目標の達成やその先のロードマップを描くことが求められます。

プログラマ (PG)

システム開発では、要件定義や設計に基づいて仕様書や設計書が作られます。仕様書や設計書に沿ってプログラムを作成する人を**プログラマ(Programmer)** といいます。満たすべき仕様が決められていても、プログラムの作り方は人によってさまざまです。使うツールも違いますし、ソースコードを分割する単位も違います。そして、その違いによって、プログラムの開発にかかる時間や品質も

2日目

1 システム開発に関わる組織と人

変わってきます。

　ただし、システム開発にチームで取り組むときには、プログラマごとのばらつきがなるべく出ないように、使用するツールやソースコードの書き方などについて一定のルールが設けられていることが一般的です。

　なお、プログラマの能力によって変わるのは、開発にかかる時間だけではありません。プログラムは、実装のしかたを工夫することで、「処理時間が短い」「仕様の変更に対応しやすい」といったより実用的なものになります。

　よってプログラマには、効率よくデータを処理できるプログラムの作成が求められます。そのためには、プログラミング言語だけでなく、各種フレームワークやライブラリ、アルゴリズムなどについての知識が必要となります。これらの詳細については5日目で解説します。

　プログラマは、プログラムの構成を考えるために設計の工程から参加することもあり、開発したプログラムが正しく動作しているかを確認するためにテストの工程にも参加します。

🔘 システムエンジニア（SE）

　プログラマがプログラムを作るには仕様書や設計書が必要です。これを作成するのがシステムエンジニア（System Engineer）です。その頭文字をとって、SEと呼ばれることもあります。

　要件定義や設計といった上流工程から関わり、システム開発における豊富な経験が必要とされるため、過去にプログラマとして働いていた人が任されることが多いです。プログラマと一緒にプログラミングの工程を担うこともあります。

　主な業務は要件定義や設計書の作成であるため、顧客が求めるシステムをヒアリングする能力が求められます。また、システムで実現する範囲を明確にして、顧客に提案する能力も必要です。プログラミング言語に詳しいことよりも、システムでなにが実現できるかを把握し、それを顧客とのコミュニケーションの中で正確に伝えられることが重視されます。

🔘 テスター（テストエンジニア）

　プログラマもテスト作業を行いますが、自分で開発したプログラムでは思い込

みなどにより問題に気づかないことも少なくありません。文章を書くときに校正や校閲をほかの人に依頼するように、プログラムの作成でもテストをほかの人に依頼することがあります。

　プログラムのテストを専門とするエンジニアを**テスター**や**テストエンジニア**といいます。最近では、品質保証（Quality Assurance）の役割を持つ意味で、**QAエンジニア**と呼ばれることもあります。会社によっては、テストエンジニアは不具合を調べ、QAエンジニアは品質や耐久性のチェックを担うというように役割を分けている場合もあります。

　テスト計画の作成、テストケースの設計、テスト結果の分析、報告書や改善案の作成など、テスト作業には全般的に幅広い業務があります。テスターには、プログラミングだけでなくテスト技法などについての知識も求められます。

● デザイナー

　一般に公開するWebアプリだけでなく、社内用のシステムでも、使いやすさは重要です。システムの使いやすさを左右する要因として、デザインが挙げられます。**デザイナー**はさまざまな工夫をして、使いやすいデザインを実現します。

　ここでいうデザインは単純な見た目の話だけではありません。情報を伝えるときには、その情報の重要度や優先順位に応じて文字の大きさや配置を検討する必要があります。画面遷移などの機能面にもデザイナーは関わります。つまり、デザイナーの仕事には、「見た目を整える」だけでなく、「導線や画面設計を考える」「機能の過不足を検討する」といった作業も含まれるのです。

　これは、UX（ユーザー体験）という言葉で評価されることがあります。つまり、製品やサービスの見た目だけでなく、その製品やサービスを使ったときに得られる体験そのものが重視されているのです。

● オペレータ

　開発やテストが終わってシステムの利用が始まると、運用の工程に入ります。一般に運用の工程では、システムの監視を行い、何らかのトラブルが発生したときには、その調査や復旧、原因の報告などを行います。このような業務を担当する人を**オペレータ**や**IT オペレータ**といいます。

2日目

　ネットワークやサーバーは 24 時間 365 日稼働しているため、その監視が必要な場合は日勤と夜勤の交代制で行われます。自社でこのような体制を用意できない場合は、クラウドやレンタルサーバーを使用し、そのサービスを提供する事業者に業務を委託することもあります。

　オペレータはシステムの概要を把握している必要がありますが、そのすべてを理解することは困難です。このため、システムの構造上の問題や、プログラムの不具合などが原因のトラブルが発生した場合には、システムエンジニアやプログラマに対応を依頼することになります。

その他

　システム開発には、場合によってほかにもさまざまな技術者が参加します。たとえば Web アプリを開発するなら、サーバーの構築や運用を行う人が必要ですし、ネットワークの構築や運用にあたる人も必要です。データベースを使うなら、データベースの構築や運用を行う人が必要となります。それぞれに専門のエンジニアがいる場合もありますし、1 人で複数の業務を兼任することもあります。

● システム開発に関わるエンジニア

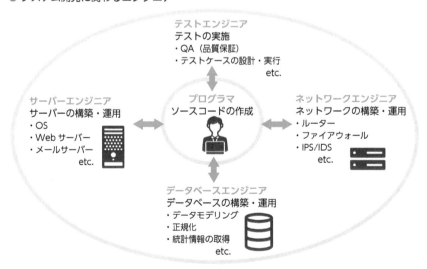

2 費用とスケジュールの管理

- ☐ 工数の考え方
- ☐ 見積の手法
- ☐ プロジェクトの進捗管理の手法

2-1 工数の考え方

 POINT

- ・ システム開発の費用は人件費が多くの割合を占める
- ・ 1人が1ヶ月でできる作業量の単位を人月という
- ・ システム開発に必要な作業の量を工数という
- ・ 人月での計算は便利な一方で問題もある

システム開発にかかる費用

　モノを作るとき、一般的には材料と機械、工程を管理する人などが必要です。しかし、システム開発の中心はソフトウェア開発であり、材料は必要ありません。

　システム開発に使うコンピュータは購入する必要がありますが、システム開発専用のものである必要はありません。一般的に使われるパソコンで機能は十分ですし、システム開発が終わったあとにはほかの用途にも使えます。電気代はかかりますが、その費用は微々たるものだと考えられます。

　またソフトウェアの開発には、ソースコードを書くためのテキストエディタや、作成したソースコードをプログラムに変換するためのコンパイラなども必要ですが、それほど高価なものではなく、無料か数万円程度で入手できます。加えて、

一度購入するとほかのソフトウェア開発にも使えます。

　したがって、システム開発にかかる主な費用は人件費です。それ以外にかかる金額はそれほど多くないため、プログラマの人数とそれぞれの給料がわかれば、おおよその費用を計算できます。ここでは、その金額の計算方法を考えてみます。

🔘 人月とは

　システム開発プロジェクトなどで人件費を計算するとき、開発に関わる人それぞれの給与から考えるのは大変です。人事異動や退職などで途中から開発者が変わる可能性がありますし、昇進などによる給与の変化もあります。

　開発前の段階で見積を作成しても、プロジェクトが進むにつれてその金額が変わってしまう可能性があるのです。そこで、誰が担当しても一定時間に同じ作業量をこなせると仮定し、その前提のもとで必要な作業量を考えます。

　たとえば、1人が1ヶ月間作業すれば終わるような業務があるとします。1ヶ月は、1日8時間×20日＝160時間で計算することが一般的です。端数を切り捨てると1ヶ月は4週間で、各週には平日が5日あり、残業はしないという前提です。この作業量を 1 人月といいます。同様に、1人が1日でできる作業量の単位を人日、1人が1時間でできる作業量の単位を人時ということもあります。

　このような考え方は、個人の能力に大きな差がある場合には使えないことが想像できます。事務作業のような定型的な作業や工場などでの単純作業であれば、誰がしてもこなせる作業量はだいたい同じになるかもしれませんが、プログラミングのような業務ではそれぞれの経験や力量によって大きく変わります。

　しかし、システム開発の現場では、能力の有無に関係なく同じように計算する人月の手法が使われています。もちろん、役職や経験に応じて、1人月120万円の人が1人、1人月100万円の人が2人、1人月80万円の人が3人など、人月単価で分けることはありますが、その作業量を人月で考えることは変わりません。

🔘 工数とは

　前述の人月や人日といった単位を使ってシステム開発にかかる費用を見積もるために用いられるのが工数という考え方です。工数は作業の量を表します。具体的には、「人数×時間」で計算できます。

たとえば、ある作業を行うのに1人の開発者で6ヶ月かかるとすると、「1人×6ヶ月＝6人月」となります。これを2人の開発者で行えば3ヶ月、3人の開発者では2ヶ月かかると計算できます。

ただし、現実はそれほど単純ではありません。人数が増えれば会議などのコミュニケーションに必要な時間も増えてしまいます。そもそも、同じようなスキルを持つ人を多く集めることは困難なため、工数を人数で割るような計算ではスケジュールどおりに開発を進められない状況が発生するでしょう。

プロジェクトの進行が遅れると、人を追加して開発期間を短縮しようと考えがちですが、実際には人を追加することで教育コストなども発生し、さらに開発期間が伸びる可能性さえあります。

◎ 人月管理の問題点

多くの現場では見積の作成だけでなく、進捗管理や従業員の評価にまで人月を使っています。人月管理は数字で表現できるためわかりやすく便利な一方で、前述したもの以外にもさまざまな問題があります。

たとえば、SES企業での給与は働いた時間（稼働実績）で計算されます。このとき求められるのは、仕事の生産性よりも働いた時間です。同じ仕事を10時間かけて作業する人と、5時間で済ませる人がいた場合、評価が高くなるのは10時間かける人になってしまいます。効率よく働くよりも、長い時間働くほうが、時間単位の支払いを受けるシステム開発会社としては売上が多くなるためです。

結果として、無駄なドキュメントが作られ、ソースコードの行数だけが長く保守が難しいシステムができてしまうことは少なくありません。

こうなると、発注者は効率の悪いシステムに高いお金を払わなければなりませんし、システム開発会社で働くエンジニアも生産性を高めようというモチベーションが上がりません。

代替案として、「1-2　いろいろな契約形態」（P.38）で紹介した請負契約やレベニューシェアが考えられます。しかし、これらは小規模な案件では使われていますが、規模の大きいシステムや社内システムの開発ではSESなどの契約が多い印象です。

このような問題はあるものの、手軽に開発費用を算出でき、数字による根拠として使えることから、人月管理は多くの企業で採用されています。

見積の手法

POINT

- 見積には概算見積と詳細見積がある
- 過去の事例を使う類推法や、予算をもとに作るプライス・ツー・ウィン法などが用いられることもある
- 開発における難易度を加味した見積の手法として FP 法がある
- 係数を使って数値によって算出する見積の手法として COCOMO 法がある

概算見積と詳細見積

　ソフトウェアの開発を依頼されると、システム開発会社はまずその開発費用を見積もります。見積は一般的に「概算見積」と「詳細見積」に分けられます。

　概算見積は、開発してほしいシステムの内容を聞いて、その開発にかかる金額をざっくりと見積もるものです。

　たとえば、誰かが投稿したものを閲覧できるシステムを作ることを考えてみましょう。このとき、インターネット掲示板を作るのと Twitter のようなものを作るのとでは、考えるべきことやシステムの維持管理コストが大きく変わります。発注者は数十万円で実現できると思っていたが、実際に見積もったところ数千万円になってしまった、ということもありうるのです。こうなると、開発を発注することは現実的でなく、細かい見積を作成する時間が無駄になってしまいます。

　発注者としては、まずはざっくりと 100 万円なのか、1000 万円なのか、1 億円なのか、といった見積金額の桁が知りたいものです。100 万円から 300 万円の間といった想定金額が出てくると、発注できるかどうかの判断ができます。

　費用面や技術面で実現可能性があれば、発注者側は複数のシステム開発会社に相見積もりを依頼することになります。RFP [※3] を作成してシステム開発会社に提示し、開発内容や費用、スケジュールなどの提案を受けるのです。システム開発会社は、RFP の内容をもとに細かな見積を提示します。

※ 3　Request For Proposal の略で「提案依頼書」と訳される。3 日目で詳しく解説する。

発注者は相見積もりの段階で提示された金額で契約することが一般的なので、RFP の段階で見積に必要な条件を提示しておくことが求められます。この条件が曖昧であれば、見積の金額に大きな誤差が発生します。見積に含まれていない項目があとから追加になると追加費用が発生しますし、余裕を持った金額で見積が作成されていると発注者は無駄に高い金額を支払うことになります。

また、発注者側の担当者は、見積金額の計算方法を知らなければ、提示された金額が妥当なのかを判断できません。システム開発会社が見積を作成する手法はさまざまですが、それぞれの算出方法や特徴を知っておくだけでも、社内でシステム開発の見積額の承認を得るときにその根拠を説明しやすくなるでしょう。

以降で、代表的な見積方法を解説していきます。

◉ 類推法

もし過去に似たようなシステム開発に取り組んだことがあれば、それを参考にする方法が考えられます。たとえば、5 年前にホームページを作成していたとします。5 年経過してデザインも古臭くなり、新たな要望も出てきたことから、リニューアルを考えるといった状況です。

このような場合は、前回のホームページの作成にかかった費用をもとに、リニューアルの費用もある程度予測できます。このように過去の事例から見積もる方法を類推法といいます。

同じ開発会社で同じ人員であれば、その金額が大きく変わることは考えづらく、追加になった部分や不要になった部分などを考慮すると、それなりに高い精度で開発費用を予測できます。

ただし、この方法は過去にまったく経験がない案件には適用できません。また、追加になった部分や不要になった部分の量は感覚的に判断したものであるため、過去の事例での金額をもとにしても、根拠として参考にならないかもしれません。

◉ プライス・ツー・ウィン法

発注者側がすでに予算を決めている場合、それに合わせて見積を作成することもあります。官公庁などでは年間の予算が決められているので、その金額の中でできる範囲でシステム開発を進めたいというような状況です。

この場合は、予算が先にあるため、それを超える見積が出てくることはありません。もちろん一般的な企業であっても予算が決められていると、それを超えるシステム開発はできないため、開発側がその予算に合うように調整する状況はあります。これを**プライス・ツー・ウィン法**といいます。

これは現実的である一方で、欲しい機能が実現されない可能性があります。また、予算の範囲内で開発が進められるため、その範囲に収まらないものは追加開発になり、一度に開発するよりもコストが大きくなってしまう可能性もあります。

可能であれば避けたほうがよい見積方法だといえるでしょう。

◎ FP法

開発者が見積の作成について考えた場合、そのシステムがどのような機能を持つかよりも、ソースコードを書くときにどれくらい時間がかかるかを考慮したいと思うものです。一方で、発注者や受注者側の営業担当者は、開発のどこに時間がかかるのか細かいところはわかりません。

発注者は、そのシステムの開発に必要なソースコードの量とは関係なく、どのような機能が実現されるのかに注目しています。つまり、完成するシステムがWebアプリであってもスマホアプリであっても、欲しいのは「機能」であって「ソースコード」ではありません。

ここで単純に、実現する機能の数から金額を見積もる方法が考えられます。たとえば、ECサイトであれば「会員登録」「商品検索」「買い物かご」「決済」などの機能があります。開発する機能がこの4つのときにそれぞれを30万円とすると、30万円×4＝120万円と計算できます。

しかし、商品検索の機能と決済の機能の開発が同じ難易度だとは思えません。会員登録と買い物かごはまったく異なる機能なのに、同じ金額では納得できない人もいるでしょう。

そこで、システムが持つ機能に注目して、その機能の開発における難易度などを加味した点数を積み上げて見積を計算する方法があります。これを**FP法（ファンクションポイント法）**といいます。

このとき、点数は開発者しか理解できない形ではなく、発注者や受注者側の営業担当者も理解できる形で考えたいものです。開発者以外の人がシステムについて認識できるのは、「どのような項目を入力するか」「どのような内容が出力され

るか」「どこに保存するのか」「ほかのシステムとどんなやりとりをするか」といったことです。

よって、コンピュータの五大要素と呼ばれる「入力」「出力」「記憶」「演算」「制御」のうち「入力」「出力」「記憶」に着目し、画面の入出力やデータの保存、ほかのシステムとのやりとりといった項目を整理し、その数に応じて点数化します。それをどんなプログラミング言語で実装するのか、どんな開発ツールを使うのか、内部でどんな演算をするのかといった「演算」「制御」については考えません。これらは発注者が求める機能とは直接関係がないからです。

FP法では、具体的には開発するシステムが持つ機能が「外部入力」「外部出力」「外部照合」「内部論理ファイル」「外部インターフェイス」のそれぞれをどのくらい利用するのか（やりとりするのか）を数えます。

ここで、それぞれが指す内容は表のとおりです。

● FP 法のファンクションタイプ

ファンクションタイプ	内容	例
外部入力	画面からの入力、ほかのアプリケーションからの取り込みによって、データを更新するもの	ログイン、ユーザー登録
外部出力	画面への出力、帳票の印刷、ほかのアプリケーションへの転送などにおいて、計算やグラフの作成などを含むもの	ダウンロード、集計
外部照合	画面への出力、帳票の印刷、ほかのアプリケーションへの転送などにおいて、計算やグラフの作成などを含まないもの	検索、ログイン履歴
内部論理ファイル	システム内部にあるデータで、追加や更新、削除などの対象になるもの	ユーザー情報
外部インターフェイス	システムの外部にあるデータで、その保守が外部のシステムに任せられるもの	日付情報、位置情報

上記のそれぞれについて、開発の難易度に合わせて点数化を行います。過去の類似の事例などをもとに難易度を考慮し、たとえばあとの表のような係数を用意します。各ファンクションタイプについて、それぞれの難易度に該当する機能の数をカウントし、用意した係数と掛け合わせて合計したものを基準値とします。

● FP法の機能ごとの点数化の係数

ファンクションタイプ	容易	普通	複雑
外部入力	3	4	6
外部出力	4	5	7
外部照合	3	4	6
内部論理ファイル	7	10	15
外部インターフェイス	5	7	10

　ファンクションポイントを計算するときには、上記の基準値をもとに65％から135％の範囲で調整します。つまり、トランザクション量（登録や更新といった処理の量）が多い場合や複雑な処理であれば、ポイントが大きくなるように調整するのです。

　一般に、次の式がよく使われます。

$$ファンクションポイント＝基準値×（0.65 ＋調整値／100）$$

　この調整値は、「一般システム特性」と呼ばれ、下の14個の項目を0〜5の6段階で評価したものです。すべてが0のときは基準値の65％になり、すべてが5のときは基準値の135％になります。

● 一般システム特性

1	Data Communications（データ通信）
2	Distributed Data Processing（分散データ処理）
3	Performance（性能）
4	Heavily Used Configuration（高負荷構成）
5	Transaction Rate（トランザクション量）
6	Online Data Entry（オンライン入力）
7	End-User Efficiency（エンドユーザー効率）
8	Online Update（オンライン更新）
9	Complex Processing（複雑な処理）
10	Reusability（再利用可能性）
11	Installation Ease（インストール容易性）

12	Operational Ease（運用性）
13	Multiple Site（複数サイト）
14	Facilitate Change（変更容易性）

たとえば、開発する機能のファンクションタイプと難易度が次の図の①のように
なるシステムの開発で、一般システム特性を図の②のように判定したとします。
各ファンクションタイプの難易度に対する係数は、前ページの「FP法の機能ごと
の点数化の係数」に示したものを使います。すると、基準値は128、一般システ
ム特性の合計は30となり、ファンクションポイントは128 ×（0.65 + 0.30）
= 121.6と計算できます。

● 開発するシステムの例

①開発する機能の数

ファンクションタイプ	容易	普通	複雑	計算	合計
外部入力	2	2	0	2×3+2×4+0×6	14
外部出力	1	2	1	1×4+2×5+1×7	21
外部照合	0	1	1	0×3+1×4+1×6	10
内部論理ファイル	2	3	1	2×7+3×10+1×15	59
外部インターフェイス	0	2	1	0×5+2×7+1×10	24
				基準値	128

難易度に応じた機能の数と
係数を掛け合わせて計算する

②

No	一般システム特性	値
1	データ通信	3
2	分散データ処理	1
3	性能	3
4	高負荷構成	2
5	トランザクション量	2
6	オンライン入力	3
7	エンドユーザー効率	5
8	オンライン処理	3
9	複雑な処理	2
10	再利用可能性	1
11	インストール容易性	0
12	運用性	3
13	複数サイト	0
14	変更容易性	2
	合計	30

1人月で開発できるファンクションポイントが15であれば、約8人月のプロ
ジェクトだと判断できます。

COCOMO法

FP法は難易度を考慮しているため、発注者もその見積に納得しやすいです。
しかし、問題もあります。FP法による見積を出すためには、そのシステムが持
つ機能だけでなく、ほかのシステムとの間の入力や出力といった細かい部分まで
精査しなければなりません。

つまり、ざっくりと費用を見積もりたい場合に、あまりにも時間がかかりすぎるのです。もちろん概算見積の段階で使っても問題ありませんが、一般的には、要件定義だけでなく設計まで済んでから詳細な見積を出すために使われます。

そこで、比較的簡易な見積方法として COCOMO 法があります。これは、開発者の視点に立ち、機能ではなくソースコードの行数や開発規模に注目する方法で、係数を掛け算することで開発工数や開発期間を見積もります。COCOMO 法では、次の式で開発工数を求めます。

$$E = a \times K LOC^{b}$$

E が開発工数（人月）、$K LOC$ にはソースコードの行数を 1000 で割った値が入ります。一般的に「$K LOC$」と書いてケーロックと読み、K は 1000 を表すキロ、LOC は Lines of Code の略でソースコードの行数を意味します。a と b は定数で、開発するソフトウェアの規模や開発会社などを踏まえて決められます。たとえば、$a = 2.4$、$b = 1.05$ とすると、1 万行のソースコードからなるソフトウェアを開発するのに、$E = 2.4 \times 10^{1.05} = 26.928$ 人月かかると計算できます。なおこの値は、実装だけでなく要件定義や設計、テストを含めた工数です。

次に、開発期間を考えます。すでに紹介したように、単純に人を増やせば開発期間が短くなるわけではなく、関わる人が多くなるほどコミュニケーションや教育のコストがかかるため、上で得られた開発工数を人員数で割っても開発期間を見積もることはできません。COCOMO 法では、開発期間を次の式で求めます。

$$TDEV = c \times E^{d}$$

$TDEV$ が開発期間、E は上で求めた開発工数です。c と d は定数で、これも開発するソフトウェアの規模などを踏まえて決められます。たとえば、$c = 2.5$、$d = 0.38$ とすると、このソフトウェアは $TDEV = 2.5 \times 26.928^{0.38} = 8.738$ と計算できます。よって、8.738 ヶ月がおおよそ必要となる開発期間だといえます。

定数としては、次の表のような値がよく使われます。

● COCOMO 法の人月計算の定数

プロジェクト規模	a	b	c	d
小規模（K LOC：2〜50）	2.4	1.05	2.5	0.38
中規模（K LOC：50〜300）	3.0	1.12	2.5	0.35
大規模（K LOC：300〜）	3.6	1.20	2.5	0.32

　必要な開発要員は、単純に計算すると $\frac{26.928}{8.738} ≒ 3.08$ なので、約 3 人だとわかります。

　さらに、これを要件定義や設計、実装、テストといった工程に分けて、それぞれの工数を計算する手法がよく使われます。

　実際には、開発するプログラミング言語によってソースコードの行数が変わり、便利なツールを使うことで効率よく開発できることもあります。このため、1 つの参考値ではありますが、見積の根拠としてよく使われています。

見積方法の比較

　COCOMO 法はシンプルな計算式で根拠となる数値を出せます。一方で、ソースコードの規模だけで見積もるため、見積が粗い、開発者しか見積を計算できないといった問題点があります。

　FP 法は、細かく機能単位で見積もるため、より現実に近い金額を出せます。一方で、その機能を実装する難易度の評価が人によって異なることや、過去に類似の事例がない場合にどのように点数をつければいいのかわからないといった問題点があります。

　受注者側では、これら 2 つの手法を組み合わせて、概算見積では COCOMO 法を使い、詳細見積では FP 法などによってできるだけ精度の高い見積を作ろうと考える場合もあります。見積に時間がかかりすぎるのは問題なので、小規模な開発では COCOMO 法を使い、大規模な開発では COCOMO 法と FP 法を併用するというやり方を多く見かけます。

　どの見積方法を採用するかは、発注者、受注者ともに独自の取り組みが行われることもあります。開発するソフトウェアの規模や種類、会社の開発経験やメンバーのスキルなどを加味して、根拠に基づいた見積を作成することが求められています。

2
日目

2
費用とスケジュールの管理

2-3 プロジェクトの進捗管理の手法

POINT

- 進捗状況は具体的かつ計測可能な形で表現する必要がある
- 多くのプロジェクトでは WBS とガントチャートを使ってスケジュールを管理する
- PERT 図を使うと、タスク間の依存関係を把握できる
- EVM を使うとコストで進捗状況を把握できる

進捗状況の表現に必要な具体性と計測可能性

　システム開発の規模によってスケジュールや費用は変わりますが、一般的にプロジェクトではその進捗状況を定期的に管理する必要があります。たとえば、1 年間かけてシステムを開発するプロジェクトがあったとして、最後の 1 ヶ月になったタイミングで半分しかできていないことに気づいても手遅れだからです。

　よって、少なくとも 1 ヶ月に 1 回程度は、進捗状況を確認する打ち合わせなどを実施します。当初の見込みと比較して作業の増減がないか、進捗の遅れなどの問題が発生していないかといった点を確認します。

　これを実現するには、プロジェクトを全体として見るだけでなく、プロジェクト内の作業を細かく分解し、担当者を割り当てておくことが必要です。このとき、具体的かつ計測可能な形で進捗状況を表現できるようにしておきます。

　これを実現するために、目標の数値化を行います。数値化の例としては、実装の段階ならソースコードの行数やファイル数、テストの段階ならテストの実施件数や網羅率などが挙げられます。全体でどのくらいのボリュームになるのかを推定し、そのうちどこまで進んでいるのかをパーセントで表します。

　プロジェクトの進捗を管理するための手法には、WBS やガントチャート、PERT 図のほか、金額で数値化する EVM もあります。すべてをコストによって管理すると、客観的かつ合理的な判断ができますので、その方法を紹介します。

◎ WBS とガントチャート

プロジェクトを管理するために、作業を細かく分解することを WBS（Work Breakdown Structure）といいます。全体は複雑な作業であっても、それを小さな単位に分割することで、実施すべき作業を明確にできる。

一般的には、大項目から中項目、小項目へと徐々に分割していく木構造で表現することが多いです。たとえば、「カレーを作る」ことを考えると、次の図のように細かく分けることができます。

● WBS の例

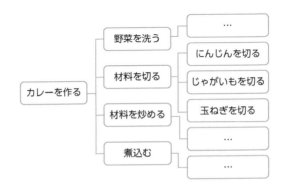

作業を分割し、それぞれの作業について必要な工数や担当者、納期などを一覧にすることで、進捗を管理できます。ここで使われるのが**ガントチャート**です。

● ガントチャートの例

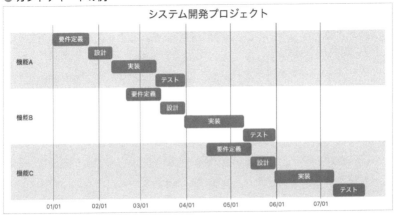

　このように、ガントチャートでは、それぞれのタスクの開始・終了の予定を時系列に並べた図で、作業の計画をバーで表現します。

　WBS とガントチャートを合わせて WBS と呼ぶこともあります。WBS とガントチャートは Excel などの表計算ソフトでも作成でき、工数や担当者などの情報を追加して次のような資料を作成している例をよく見かけます。

● Excel で作った WBS の例

No	大項目	中項目	小項目	担当者	締め切り	5/1	5/8	5/15	5/22	5/29	6/5	6/12	6/19	6/26	7/3	7/10	7/17	7/24	7/31
1	サーバー例	要件定義	RFP確認	山田	5月15日														
2			機能要件確認	鈴木	5月22日														
3			非機能要件確認	佐藤	5月29日														
4		基本設計	画面設計	車検	6月12日														
5			帳票設計	山田	6月26日														
6			DB設計	鈴木	7月10日														
7		詳細設計	クラス設計	佐藤	7月24日														

　ガントチャートは一度作成すれば終わりではなく、作業が進むたびに更新する必要性が発生します。最近では便利なツールも多く登場しているので、できるだけメンテナンスが容易で、プロジェクトのメンバーがいつでも状況を確認できるようなツールを使うようにしましょう。

　このようなガントチャートによってプロジェクトの全体を「見える化」できます。現時点でどの作業が進行しているのか、それは予定どおり進んでいるのか、遅れているのかといった状況を一目で把握できるのです。

🔘 PERT 図

　ガントチャートを使うことで現在の状況は把握できますが、複数のタスクの間の依存関係がよくわからないという場合があります。あるタスクを始めるためには、ほかのどのタスクが完了していないといけないのか、といったことです。

　そこで、プロジェクト内のタスクを接続して表現することで順番を明確にできる **PERT 図**を使います。PERT は、Program Evaluation and Review Techniqueの頭文字からなる言葉で、プロジェクトの工程管理によく使われる手法です。

　PERT 図は、次に示す図のように丸を矢印でつないで描きます。丸はタスクを表し、矢印には次のタスクに移るまでの所要時間を記入します。あるタスクを始めるときには、前のタスクがすべて終了している必要があります。この図を見れば、もっとも時間のかかるタスクの経路がわかります。これを**クリティカルパス**

といいます（下図の色つき矢印で示した経路）。

● PERT図とクリティカルパスの例

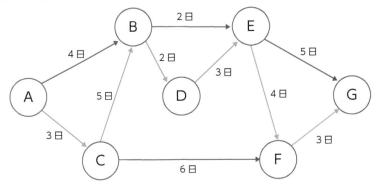

◉ EVMでの管理

WBSとガントチャートでは主にスケジュールを管理しますが、プロジェクトでは、それぞれの工程の予算と実際にかかった費用などのコスト面の管理も必要になります。そこで、コストベースで作業の到達度を把握するためにEVM（Earned Value Management）が使われます。

EVMでは、進捗状況を時間ではなくコストの面から確認します。つまり、スケジュールどおりに作業が進んでいるかではなく、その開発に費やしたコストに対してプロジェクトが適切に進行しているかを確認します。

たとえば、人月単価100万円（5万円／人日）のエンジニアが、あるタスクに取り組んでいる状況を考えます。1つのタスクだけに専念して5日間作業すると、かかった費用は5×5＝25万円です。同じ時期にほかの作業も担当し、このタスクには1日の半分をかけていたとすると、かかった費用は5×5÷2＝12.5万円です。WBSではどちらの場合も同じ5日という期間ですが、EVMではかけたコストが倍違うことになります。

もし作業に時間をかけただけでタスクが進んでいない場合、WBSでは作業していなくてスケジュールが遅れているのか、作業していたが思った成果が出ずにスケジュールが遅れているのかわかりません。EVMでは、作業した時間が金額として表れるため、そういった状況を正確に把握できます。

EVM では、主に次の表に示す 4 つの指標が使われます。

● EVM での指標の例

名前	内容
EV (Earned Value)	実際に完成している実績値
PV (Planned Value)	計画時の出来高
AC (Actual Cost)	実際の開発にあたって消費したコストの実績値
BAC (Budget At Competition)	完成するまでに必要な予算

この 4 つの指標をグラフ化し、作業の遅れやコストの超過などを判断します。たとえば次に示すような図であれば、途中までは予定どおりに進んでいますが、その後、かけたコストに対して進行が遅れ始めていることがわかります。

● EVM

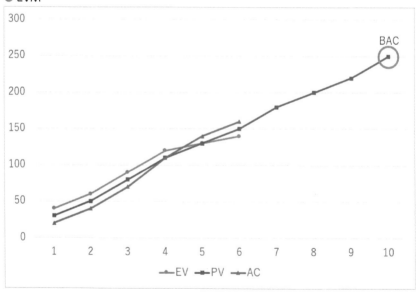

このように EVM では、EV が PV を上回っていれば順調と判断でき、EV が PV を下回っていても、同じ金額に到達するまでの期間のずれを調べることで、完成までのスケジュールを予測するために使えます。

◎ 2日目のおさらい

問題

Q1 「メーカー系のSIer」として、一般的に知られている特徴として正しいものを選んでください。

A. OSの開発などさまざまなメーカーのハードウェアに対応する業務を得意とする
B. フリーランスを中心とした外注先をまとめる業務を得意とする
C. 自社のハードウェアを使った安定したシステムを作ることを得意とする
D. 下請けや孫請けとして、さまざまな元請けからの仕事を多く担当することが多い

Q2 システム開発の契約形態のうち、システムの完成を求められる契約形態として正しいものを選んでください。

A. 請負契約　　B. 準委任契約
C. 派遣契約　　D. レベニューシェア

Q3 システム開発に参加するシステムエンジニア（SE）の仕事内容として、もっとも適切なものを選んでください。

A. ソースコードの作成
B. 仕様書や設計書の作成
C. テスト資料の作成
D. Webページのデザインの作成

Q4 30人月のプロジェクトを5人で担当する状況を考えたとき、開発が終わるのは何日後だと考えられるか、もっとも近いものを選択してください。なお、コミュニケーションや教育のコストは考えないものとし、5人は1日8時間、1ヶ月に20日作業するものとします。

A. 30日後　　B. 120日後　　C. 150日後　　D. 180日後

Q5 システム開発の見積手法において、実装する機能に注目し、その難易度に応じた点数を積み上げて計算する手法を選んでください。

A. 類推法　　B. プライス・ツー・ウィン法
C. FP法　　D. COCOMO法

Q6 次のPERT図におけるクリティカルパスにあたる日数として正しいものを選択してください。

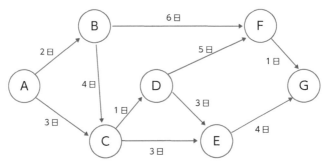

A. 9日　　B. 10日　　C. 13日　　D. 14日

Q7 作業の到達度を把握するEVMにおいて、実際の開発にあたって消費したコストの実績値を表す指標として正しいものを選んでください。

A. EV　　B. PV　　C. AC　　D. BAC

解答

A1　C

メーカー系の SIer は、親会社がコンピュータのハードウェアメーカーであるシステム開発会社を指し、親会社からの受注が多いという特徴があります。複数のメーカーの製品を組み合わせるよりも、親会社の製品を使って安定したシステムを作るのが得意であるため、C が正解です。

メーカー系の SIer では、自社で開発を完結させず、他社と協力して進める場合もありますが、一般的には元請けとして下請けの会社に依頼することが多いです。

⇒ P.35〜36

A2　A

システムの完成を求める契約は請負契約です。よって、A が正解です。準委任契約（SES）や派遣契約では、システムの完成は求められず、時間単位で実働時間に合わせて支払いが行われます。

レベニューシェアの場合は、無償または安価でシステム開発を行い、その後のビジネスの成長に合わせてシステムを発展させていくことが多く、一般的にシステムの完成は求められません。

⇒ P.38〜41

A3　B

システムエンジニアはプログラマとともにプログラムを作ることもありますが、主な業務としては要件定義や設計書、仕様書の作成が挙げられるため、B が正解です。

⇒ P.44

A4 D

30人月のプロジェクトを5人で担当すると、30 ÷ 5 = 6ヶ月と計算できます。開発が終わるのは1ヶ月30日とすると、180日後となり、Dが正解です。

➡ P.48〜49

A5 C

実装する機能に注目し、その難易度に応じた点数を積み上げて計算する手法はFP法です。よって、Cが正解です。

➡ P.52〜55

A6 D

問題文の図でクリティカルパスを探すと、A → B → C → D → E → Gの経路になります。このときの日数は14日です。

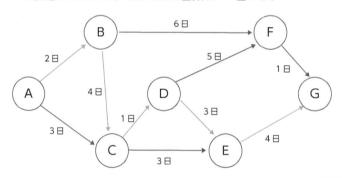

➡ P.60〜61

A7 C

実際の開発にあたって消費したコストの実績値を表す指標はAC（Actual Cost）です。よって、Cが正解です。

➡ P.62

3日目

「開発するシステムの中身」を決める工程の概要とポイントを知る

「開発するシステムの中身」を決める工程の概要

☐ 開発するシステムの中身を決める工程の流れ
☐ 開発するシステムの中身を決める工程において大切なこと

1-1 開発するシステムの中身を決める工程の流れ

POINT

- ベンダーが参加する要求分析・要件定義の前に、発注者側で行う作業がある
- 工程が後ろになるほど、開発するシステムの中身で未確定の部分が少なくなる

● 要求分析・要件定義の前に

1日目で紹介した「V字モデル」は要求分析や要件定義から始まりました。このV字モデルが表しているのは、あくまでも受注者であるベンダーが参加してからの工程です。しかし、どのようなシステムを開発するのかを決める作業は、発注者であるユーザー側から始まります。

一般に、それなりの規模の開発案件であれば、複数のベンダーに対して見積を依頼し、その金額や提案内容を見てどこの会社に発注するかを決める入札を行います。

発注者側が最初に行うべきこととして、情報提供依頼書（RFI；Request for Information）の作成があります。これは、ベンダーを選定するときに、ベンダーが過去に請け負ってきた開発案件の実績や、資本金、従業員数などの情報の提供

を依頼する文書です。過去の実績がわかれば発注したいシステムの開発を進められる根拠となりますし、資本金や従業員数がわかれば倒産などのリスクやトラブルが発生したときの対応力を判断する根拠となります。

さらに、提案依頼書（RFP；Request for Proposal）を作成します。RFP は、開発にかかる金額の提示や、開発内容などについての提案をベンダーから受けるために必要な文書です。RFP を複数のベンダーに提示し、それぞれからの回答を見比べて発注先を決定するのです。

作成した RFI や RFP を発注者が各ベンダーに提示すると、受け取ったベンダーは指定された期限までにそれぞれに回答します。RFP への回答には、大きく分けて提案書と見積書があります。

提案書や見積書を受け取った発注者は、それらをもとに評価し、発注先となるベンダーを決定します。以上のことを、要求分析・要件定義の前に済ませておく必要があります。

参考

大規模なシステム開発などでの RFI

本書では「はじめに」で紹介したような比較的小規模なシステム開発を依頼する場合について解説しています。たとえば典型的な事務システムのような Web アプリであれば、技術的な難易度はそれほど高くなく、発注者側としても、市販のソフトウェアで構成された似たようなシステムの使用経験があることが多いため、技術的な知識が少なくても、RFP の作成でさほど困ることはないでしょう。

しかし、もう少し大規模なシステム開発や、ゲーム開発、スマホアプリの開発など発注者に経験がないような規模や環境が想定される場合には、発注者側のシステムに対する知識が十分ではなく、RFP の作成自体がままならないといったこともよくあります。

このため、企画時に検討していた内容がシステムとして本当に実現できるのかということや、技術上の課題やコスト感、スケジュール感、その他システムに関する技術の最新動向などについて、ベンダーから見解や参考資料を示してほしい旨を RFI に記載することもあります。

◎ 工程の流れ

　発注先となるベンダーが決定すると、受注したベンダーは発注者とともに要求分析や要件定義を実施します。そして、要件定義の内容を受けて要件定義書を作成し、その内容を発注者が確認してから、実際の設計や実装の工程へと進みます。要件定義書の確認までの作業を主に誰が担当し、どのような資料を作成するのかを整理すると、次の図のようになります。

● 開発するシステムの中身を決める流れ

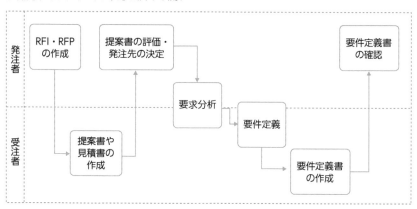

　この図における、発注者側の「RFI・RFP の作成」や、受注者（ベンダー）側の「要求分析」「要件定義」などの工程で実施する作業には重複する部分や共通点が多くあります。しかし、後ろの工程になればなるほど、精度は高まり、未確定の部分が少なくなっていきます。

　実際には、細かな要件定義が終わらないと見積金額は確定しません。しかし、RFP を受けて作成した見積書に基づいて契約は済んでしまうため、見積に必要な項目は RFP を作成する段階で洗い出しておく必要があるといえます。

開発するシステムの中身を決める工程において大切なこと

 POINT

- 要求分析や要件定義では発注者と受注者の双方の協力が必要である
- システムの中身を決める段階で、テストの段階での検証内容を確認しておく
- 発注者に RFP 作成などの知識がない場合は、外部のコンサルタントやベンダーに協力してもらう
- 受注者側に業務知識がない場合は、発注者が受注者にレクチャーする勉強会などを開催する

発注者と受注者の協力

　前掲の図では、要求分析や要件定義の工程が上下の中心線をまたぐように配置されています。これは、それぞれの工程において、発注者と受注者のいずれか一方がすべての作業を実施するのではなく、双方が協力することを意味しています。

　IT 業界には、次の図のような「顧客が本当に必要だったもの」という有名な風刺画があります。

● 顧客が本当に必要だったもの（10 点組のうち 4 点）

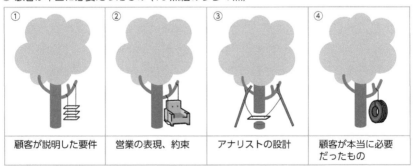

出典：① https://commons.wikimedia.org/wiki/File:Tree_swing_cartoon_colored1.svg
③ https://commons.wikimedia.org/wiki/File:Tree_swing_cartoon_colored5.svg
②④　①③を参考に編集部にて作成
※①～④は CC BY-SA 4.0（https://creativecommons.org/licenses/by-sa/4.0/deed.ja）に該当

　これは、顧客が説明したシステム開発の中身、それを読んだ営業担当者が約束したもの、アナリストが設計したものなどと、顧客が本当に望んでいたものが一致していない状況を示したものです。誰がこの風刺画を最初に描いたのかは明らかになっていませんが、システム開発のプロジェクトで必要なものが発注者と受注者の間で正しく伝わっていない状況を示す例として、よく紹介されます。

　この風刺画で描かれている状況に至るまでには、発注者の要望が正しく伝わっていないだけでなく、そもそも発注者自身も作りたいシステムがよくわかっていないという背景があります。その結果として、できあがったシステムは業務に使えないゴミになってしまうのです。

　これを防ぐためには、発注者がどのようなシステムを作りたいと思っているのかを明確にし、それをベンダーに正確に伝える必要があります。RFP の段階で明確になっていれば理想的ですが、実際には、発注先のベンダーが決まり、契約が結ばれたあとに、要求分析や要件定義の工程で、発注者と受注者がコミュニケーションをとりながら、これを明確にしていく作業が必要となることがほとんどです。

　しかし、契約が結ばれたあと、発注者が要求分析や要件定義の工程をベンダーに丸投げしてしまうプロジェクトを多く見かけます。このような場合、ベンダーは発注者が必要としていると思われる機能を自分たちで考えながら開発作業を進めるしかなくなります。そして、丸投げしていた発注者はシステムの中身を理解していないため、中身を理解しているベンダーにしか追加の開発や修正を頼めなくなります。その結果、追加の開発や修正の際に法外な金額の見積が提示されても、それを断れない状況に陥ってしまいます。

　このように、特定のベンダーだけに頼らざるをえなくなってしまう状態を「ベンダーロックイン」といいます。ベンダーロックインを防ぐには、発注者がシステムの中身を理解することが有効です。そのような理解が発注者にあると、開発が得意なベンダーA 社に開発を依頼し、運用や保守が得意なベンダーB 社に運用を依頼するといった場合でも、業務の引き継ぎをスムーズに進められ、それぞれのベンダーに力を発揮してもらいやすくなります。

◎ ゴールを明確にする意識

　開発するシステムの中身を決める段階で考えるのは、システム開発のゴールです。

　ゴールが明確になっていないと、いつまで経ってもシステム開発が終わらない状況に陥るおそれが大きくなります。また、事前に合意していなかった内容があとから要件として追加されることに歯止めをかけることが難しくなります。ベンダーは見積の範囲内で開発担当者を割り当てているため、そもそも要件の追加に対応できないことが考えられます。仮に対応できるとしても、スケジュールの遅れや追加費用の発生、設計のやり直しによる不具合発生リスクの増大などを覚悟しなければなりません。最悪の場合、発注者と受注者の間でトラブルとなり、それが発展して裁判になることもあるのです。そういった問題の発生を防ぐためにも、要求分析や要件定義の工程で、発注者と受注者の間でゴールを明確にしておくのです。

　1日目で紹介した「V字モデル」には、要求分析や要件定義に対応するテストとしてシステムテストや受入テストがありました。つまり、システム開発が終わったときに、そのシステムが当初の要求分析や要件定義で決めた機能を満たしているかを確認する工程があるということです。

　システム開発のゴールは、「**どのようなシステムができあがってくれば、それを受け入れられるのか**」であるといえますが、さらに言い換えると「**どのようなシステムならば、システムテストと受入テストで合格となるのか**」と表現してもよいでしょう。

　したがって、システムの中身を決める段階で、あとに行われるテストでどのような内容の検証を行うのかを確認しておくことが大切だといえます。

🔵 学習・教育と役割分担

　前述したとおり丸投げしないことが大切だとしても、多くの発注者はシステム開発を経験したことがありません。RFPを作るように上司から言われても、何をどのように整理すればよいのかわからないこともあるでしょう。

　発注者にシステム開発の知識がまったくない場合、独力でRFPの資料を作成するのは困難です。このため、可能であれば外部のコンサルタントやベンダーに協力してもらい、システム開発について学ぶのがよいでしょう。そのベンダーが入札に参加するかは別にして、RFPの資料が作成できないと、入札の形に進めないためです。

　一方で、発注者の業務についてコンサルタントやベンダーに知識がない場合、

発注者がその情報を伝える必要があります。場合によっては、発注者の業務の内容をレクチャーする勉強会を開催します。

これは RFP の資料を作成する段階で実施する場合もありますし、発注先の決定後にシステムの要件定義や設計をする段階で実施する場合もあります。発注者の業務内容をコンサルタントや開発者が理解することで、RFP の作成や要件定義、設計といった工程を適切に行える可能性が高まります。

このようにそれぞれが互いの業務内容を理解できるように取り組んだうえで、それぞれの得意分野を活かすことが大切です。発注者は要求分析や要件定義には積極的に参加するのが望ましいですが、設計から実装、単体テスト、結合テスト、システムテストといった工程はベンダーに任せるのがよいでしょう。代わりに発注者は進捗管理や課題管理に参加するなど役割と責任を分担すれば、作業の抜けや漏れを防ぐことにつながります。

◉ 本章で例示するシステムのイメージ

開発するシステムの中身を決める工程では、このように役割と責任の分担が重要であるため、この章の残りの節では、発注者側が担当する作業内容を次の第2節で、受注者側が担当する作業内容を第3節で、というように分けて解説します。

また、第4節では、第2・3節で解説する RFI や RFP の作成、提案書の作成、要求分析、要件定義、要件定義書の作成といった作業における具体的な手法や文書での表現法をまとめて解説します。これらの作業は、担い手が誰かということや、成果（物）に求められる未決事項の少なさや精度、詳細度が異なったりしますが、いずれも、開発するシステムの中身を決めるべく考えたり話し合ったり文書を作成したりするものであり、手法や文書での表現法上の重要なポイントは共通しているのです。

解説にあたり、具体的なサンプルがあるほうがわかりやすいため、この章では、システム開発の例として「社内の蔵書管理システム」を作ることを考えます。多くの会社は、業務に関連する本や資格の勉強に使える本、ビジネスマナーに関する本などを所有しており、それを社員に貸し出しています。

会社のお金で購入しているため、決済のしくみは必要ありませんが、貸出状況などは管理するべきです。とりあえず Excel などの表計算ソフトで管理している

という会社もあるでしょう。

　しかし、本の数が増えてくると管理の手間が増え、システム化したいと考えるかもしれません。表計算ソフトでも代用できるような比較的簡単なシステムですが、利用者や利用状況の管理、新刊の購入依頼や承認といったさまざまなシステムに応用できる機能もあると便利でしょう。

　たとえば、次の図のような機能があるシステムが想定されます。

● 蔵書管理システムのイメージ

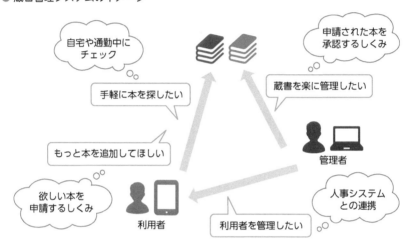

　このようなシステムを作るとき、社内で開発することも考えられますが、ここでは社外のベンダーに依頼することにします。

　このときベンダーは、システムについてどのような内容がわかれば細かくて精度の高い見積の計算ができるでしょうか。システム開発に詳しくない発注者でも、自分たちである程度文書にまとめられるレベルを意識しつつ考えていきましょう。

3日目

2 発注者の仕事の概要

- [ ] RFI の作成と提示
- [ ] RFP の作成と提示
- [ ] 秘密保持契約（NDA）と面談・ヒアリングの実施
- [ ] ベンダーの選定
- [ ] その他の発注者の仕事

2-1 RFI の作成と提示

💡 POINT

- 入札に参加するベンダーの情報を取得するために、情報提供依頼書（RFI）を作成する
- RFI の書式を揃えることで、各ベンダーの情報を比較しやすくする
- RFI では会社の情報だけでなく、取り扱っている商品や開発実績などを求める

🔘 発注先候補の情報を知る

　ベンダーが過去に請け負ってきた開発案件の内容や、資本金、従業員数などがわからないと、発注にあたって不安が残る場合があります。システム開発の経験が豊富なベンダーだといっても、それぞれに強みや専門分野があります。Webアプリの開発が得意なベンダーもあれば、スマホアプリの開発が得意なベンダーもあります。上流工程が得意なベンダーもあれば、実装からテストまでの工程が得意なベンダーもあります。

もちろん、不得意な領域の仕事を受注したベンダーが、それをその領域が得意なほかの会社に再委託する場合もあるでしょう。大規模なシステム開発では、それぞれの専門性を活かして複数の会社が一体となって取り組むこともあります。発注先候補のベンダーにどのような開発メンバーがいるのかについて確認するためにも、そのベンダーの企業情報を把握しておく必要があるのです。

他の会社への再委託では、セキュリティ面でのリスクが増えます。情報漏えい事件のニュースを見ると、自社は気をつけていたけれど再委託先のセキュリティが甘かったという例はたくさんあります。したがって、再委託が前提となるのであれば、その再委託先についても発注者は目を光らせておかなければなりません。

ベンダーからの提案を受けて発注することになった場合は、そのシステムの開発が続く間、もしくは運用が続く間、そのベンダーとの関係を長く続けることになります。提案の金額が安いというだけでベンダーを選んでしまうと、関係を長く続けるのが難しいケースもありえます。

以上のことが考えられるため、発注者は発注先候補のベンダーのことを詳しく知る必要があります。この必要性を満たすべく、ベンダーに自身の会社の情報を提供するよう発注者側が依頼する文書が RFI です。

はじめて取引をするベンダーが相手であれば、RFP の前に RFI を提示し、その回答を確認してから RFP を提示することが一般的です。しかし、何度も取引している会社であれば、RFI の回答内容はそれほど大きく変わることはありません。その場合は、RFI と RFP を同時に提示し、それらへの回答を同時に受け取ることも少なくありません。

そして、RFI と RFP の回答内容を踏まえてベンダーを選定します。ただし、RFI の回答に問題がある企業には RFP を提示しないため、RFI の回答内容で大きな差がつくことは少なく、RFP の回答内容に注目して選定することが多いでしょう。

RFI の内容

RFI は自社の情報を提供するようベンダーに求めるものですが、後述するとおり、発注先候補の各ベンダーには同じ書式でその情報を提供してもらうことが大切です。そのため、RFI においては書式の提示がなされていなければなりません。

そして、次のような項目の情報を、提示した書式で提供するよう求めます。

● **企業情報**

社名や所在地、代表者、社歴（沿革）、従業員数などに加えて、資本金など
の財務情報、発注者の近くにオフィスがあるかといった情報です。これと合
わせて、ISMS[※1] やプライバシーマーク[※2] などの外部認証を取得していれば、
その情報も提供してもらうとよいでしょう。

● **商品や実績**

これまでに開発したシステムやサービス、得意な技術などの情報です。発注
しようとしているシステムと同じような規模のシステム開発を行った実績が
あるのであれば、その開発期間や業務内容について可能な範囲で情報提供し
てほしい、という旨も記載します。ベンダーにも守秘義務があるため細かな
情報を求めることはできませんが、類似案件の実績情報には発注者にとって
参考になる内容やキーワードが含まれていることが期待できます。

　これらの内容は、多くのベンダーが自社の Web サイトの会社案内やパンフ
レットなどに記載しているでしょう。しかし、それらを見るだけで済ませず、個
別に資料として要求します。

　その理由として、会社案内やパンフレットは各ベンダーが独自のフォーマット
で作成しており、相互に比較しにくいことが挙げられます。同じ書式で情報を提
供してもらうことにより、その情報が比較しやすくなり、発注先の選定に役立て
やすくなるのです。

　また、会社案内やパンフレットでは箇条書きなどで短く端的に記載されている
内容について、個別に情報を求めることで深掘りできる可能性があります。たと
えば、開発実績であれば、どのような業界に向けたシステムなのか、どのくらい
の規模なのか、といった情報が得られると参考になることも多いでしょう。

　ほかにも、P.69 の「参考」で述べたとおり、大規模な案件などでは、技術的な
内容や開発の難易度などを回答してもらうように求めることもあります。

※ 1　情報セキュリティマネジメントシステムの略。組織の情報資産を守るために、情報を管理する体制
を作り、絶えず改善を続けるしくみのこと。国際規格が定められており、認証を受けることは取引
先や顧客から信頼を得ることにつながる。

※ 2　個人情報を適切に保護する体制を整備している組織を評価する制度。認証を受けた組織にはマーク
が付与され、名刺などに使用することで、個人情報を適切に管理している組織であることを対外的
にアピールできる。

2-2 RFP の作成と提示

POINT

- 最適な提案をもらうために、発注者が提案依頼書 (RFP) を出す
- RFP を文書として作成することがトラブル防止に役立つ
- RFP にはシステムの概要や提案してほしい内容を記載する

RFP を書いて発注先候補に提示する

開発を依頼するとき、作りたいシステムの概要をざっくりと伝えて見積金額を出してもらう、という例を聞きます。もちろん、ベンダーの多くはシステム開発の経験が豊富なため、ざっくりとした依頼でも見積を提出することは可能です。

しかし、そのようにして複数のベンダーに見積を求めると、あるベンダーからは 100 万円、別のベンダーからは 1,000 万円というようにまったく異なる金額が提示されることがあります。

「作りたいシステムがどのようなものか」は見積の根拠となりますが、その根拠が「ざっくり」で多様に解釈されうるため、各ベンダーの見積金額が大きく異なっても不思議ではないのです。

発注者と過去に取引があったベンダーであれば、発注者側の具体的な業務内容を把握している可能性があるため、それに基づいてある程度の精度で見積を出すことはできます。しかし、そういった事情がない場合は、概要だけで精度の高い見積を出すのは困難です。

概要だけで無理して見積もられた金額でシステム開発を発注すると、そのあとで発注者が具体的な要望として伝えた内容が「当初の見積に要件として入っていなかった」と見なされる状況が発生し、追加の費用を要求されることがあります。逆に、当初の見積金額よりも安く開発が完了しても、見積の金額で契約しているため、支払額が本来の金額より多くなって、発注者が損をすることもあります。

必要な機能を実現できる具体的な提案を得るとともに、見積の精度を高めるためには、発注者がシステムの要件を明確にする必要があるといえます。そのための文書が、前節で紹介した RFP です。

● 見積の精度を高める

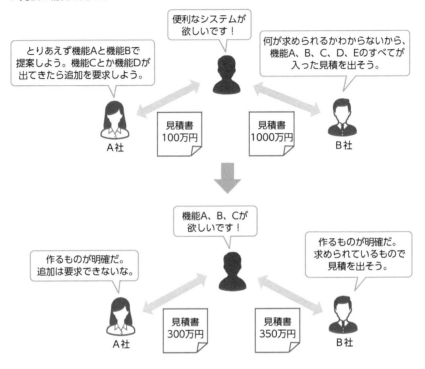

　RFP に記載する項目は次ページ以降で詳しく紹介しますが、ここでは、文書として RFP を出すことの意味を確認しておきましょう。

　提案を受けるために、いちいち文書を作成するのは面倒だと思うかもしれません。普段から付き合いのあるベンダーであれば、文書の形にしなくても口頭の説明でシステムの内容を理解してくれるかもしれません。

　しかし、それでも文書を作成するのには意味があります。一般に、システムを発注するときは、複数のベンダーの間で競争入札（相見積もり）を行います。このとき、求めるシステム開発の中身をそれぞれのベンダーに口頭で伝えると、伝達ミスが起きる可能性があります。特定のベンダーに話した内容が、他のベンダーに伝えられていないと競争入札を行う意味が薄れてしまいます。

　文書で作成しておくことには、自社内でのやりとりをスムーズに進められる利点もあります。作成した文書は、部署内や上司とのやりとりだけでなく、開発費用の予算の承認を得るための資料としても使えます。さらに、そのシステム開発

が終わったあとで、ほかのシステムを開発したいと考えたときにも、過去の書類が残っていれば、ゼロから文書を作成するよりも手間を削減できるでしょう。

　さらに、文書は、開発中や開発後にベンダーと何らかのトラブルが発生した場合に、事実認定のための証拠にもなります。口頭での説明のみの場合は「言った、言わない」という問題が生じることがありますが、文書として残しておくことでそれを避けることができます。

　このように、文書の作成は単にシステム開発の依頼に必要というだけでなく、後々のトラブルから発注者を守ることにもつながるのです。

　なお、ベンダーは、発注者が細かくシステムの概要を整理してくれることは期待していません。システムに関する知識の非対称性を考えると、発注者側でシステム開発の中身がある程度整理されていれば、そこから必要なシステムを読み取るのもベンダーの腕の見せ所だといえます。

◉ RFP に記載する項目とは

　RFP の必要性を理解できたところで、そこに記載すべき項目について見ていきます。RFP を使った発注がはじめての場合は、文書をどのように作成すればよいのかわからないこともあるでしょう。このような場合に参考にできるサンプルがあるので紹介します。

　IT コーディネータ協会は、RFP 文書で必要な構成のサンプルとして「RFP/SLA 見本」を公開しています。Word 版と PDF 版があり、Word 版は IT コーディネータ協会の会員しかダウンロードできませんが、PDF 版は一般に公開されています[3]。

　また、IPA（独立行政法人情報処理推進機構）のサイトでは、「超上流から攻める IT 化の事例集」から RFP 事例をいくつか無料でダウンロードできます[4]。

　なお、RFP は、上記のサンプルに記載されている項目をすべて書かなければならないわけではなく、項目を自由に変更してかまいません。開発したいシステムの内容によって、記載すべき項目は変わります。そのため、最低限どのような項目を記載すればよいかを次で説明します。

---

[3]　https://www.itc.or.jp/foritc/useful/rfpsla/rfpsla_doui.html

[4]　https://www.ipa.go.jp/archive/digital/tools/ep/ep3.html

● システムの概要

RFP は「提案依頼書」と訳されるように、提案を依頼したいときに作成します。よって、どんなシステムが欲しいのか、なぜそのシステムの開発を依頼したいのか、現状にどういった問題点があって、システムを開発することでどんな効果を見込んでいるのか、ということをこの項目に記載します。

システムの内容だけでなく、誰がどのように使うのか、またほかにどのようなシステムと連携するのかについても記載します。さらに、ベンダー目線での改善案や、実現不可能な部分には代案を含んだ提案をしてほしい旨を記載します。

なお、どんなシステムが欲しいのかとシステムの中身を考える手法や、RFP の中でどんな図を使って表現すればよいのかについては、第 4 節で説明します。

● 提案の条件

提案はどんなものでも受け付けるのではなく、いくつかの条件を指定したいものです。ここではその条件について記述し、それを満たしたうえでのより良い提案を求めます。

具体的な条件としては、システムの構成や性能などの技術的なものや、スケジュールや開発体制、費用（予算）などのビジネス上のものが挙げられます。詳しくは次の項で解説します。

● 提案から契約までの手続き

上記の提案を受け付けるために必要な書類や、選考のスケジュール、連絡先、選定方法を記載します。

● その他契約についての条件など

システム開発の作業場所や、支払い条件、保証期間、秘密情報、2 日目で紹介した契約形態などを記載します。

● 用語集

発注者が普段の業務で当たり前のように使っている言葉でも、ベンダーはその意味する内容がわからないことは少なくありません。ベンダーはシステム開発の専門家ですが、発注者の業務には詳しくありません。そのため、RFP に書かれている言葉が理解できない場合があります。よって、双方の言葉の認識を一致させ

るために用語集を作成しておきます。

　特殊な用語だけでなく一般的な用語でも、微妙なニュアンスの違いで認識がずれてしまうことがあります。蔵書管理システムの例では、次の表のように、用語の意味をまとめておくとよいでしょう。

● 蔵書管理システムでの用語の例

用語	意味
ユーザー	本システムに登録されている社員全員
使用者	ユーザーのうち、一度でも本システムを使ったことがある人
利用者	使用者のうち、一度でも蔵書を借りたことがある人
承認者	各ユーザーの上司にあたる役職者
管理者	システムへのマスターデータの登録や、本棚に格納する書籍を管理する発注者側の担当者
システム管理者	システムのメンテナンスを担当するベンダーの担当者
蔵書	本システムに登録されている書籍
…	…

● 提案の条件とは

　前述した RFP の記載内容にある「提案の条件」には提案内容が満たしていてほしい条件を記述します。社内の規程によって、クラウドなど社外にデータを置くことが認められていない会社もありますし、予算の都合上、年度内にシステム開発を終わらせないと支払いができない場合もあります。

　このため、求める提案の条件として、次のようなことを定めておきます。

● システムの構成や性能

　たとえば、蔵書管理システムでは、さまざまな構成が考えられます。Excel や Access のようなオフィス製品を使う方法もありますし、Web アプリを作る方法もあります。社内のファイルサーバーにデータを置いて、使用者のパソコンにアプリをインストールして使うクライアントサーバー型の構成も考えられます。

　ここでは、レンタルサーバーにデータを置く Web アプリを作り、Web ブラウザからアクセスする構成を考えることにします。性能面を考えると AWS [5] や

※5　Amazon Web Services の略。Amazon が提供するクラウド環境のこと。

GCP^{※6} などのクラウド環境を使用する方法も候補に挙がりますが、社員の使用のみでそれほど多くの人が使わないことを考慮すると、共用のレンタルサーバーでも十分でしょう。

誰が管理するのかという問題もあります。開発のみを委託するのであれば、完成したソースコードを提供してもらって、レンタルサーバーの契約やシステムの配置は発注者が作業します。開発だけでなく運用も委託するのであれば、レンタルサーバーの契約からシステムの配置、運用までベンダーが行います。

開発するシステムについては、性能だけでなく可用性^{※7} も検討しなければなりません。可用性の例としてはサーバーの稼働率がわかりやすいでしょう。サーバーの稼働率であれば、システムの障害やメンテナンスなどの際にどれくらいの時間使えなくなると困るのかを考えます。稼働率が99％であれば、年間1％システムが停止することを意味します。1年は365日なので、3.65日停止する可能性があるということです。蔵書管理システムならこれでも十分ですが、もう少し稼働率を高めなければならない場合もあるかもしれません。

稼働率と年間停止時間の関係を整理すると下の表のようになります。システムにどれくらいの稼働率を求めるかはこのような表を参考に考えます。

● 稼働率と年間停止時間の例

稼働率	99%	99.9%	99.99%	99.999%
年間停止時間	約 3.65 日	約 8.76 時間	約 53 分	約 5 分

これらを整理すると、次のような記載が考えられます。

- **システムはレンタルサーバーで運用する**
- **開発のみを委託し、運用は自社の担当者が行う**
- **稼働率は 99.9％以上を確保する**

● スケジュール

RFP を提示してから、その RFP に対する回答である提案書を受け付けるまでの日程や、契約を締結する日だけでなく、システムの納品日も決めておきます。

※6 Google Cloud Platform の略。Google が提供するクラウド環境のこと。
※7 システムが障害などで停止することなく、使用できる状態を継続すること。

実際にシステムが稼働する日のほか、その前に実施するテストに発注者が参加することを想定している日数などを事前に提示できるのであれば、それも記載しておくと親切でしょう。

● 開発体制についての条件

ベンダー側でどのような職種の人が開発に参加するのかは発注者として知っておきたいものです。たとえば、管理者と開発者だけで構成され、デザイナーがいない場合、デザインに不安を感じるかもしれません。開発体制を構成するメンバーの職種や経験年数、資格など満たしてほしい条件があるときは記載します。

また、ベンダー側に再委託を認めるのか、複数の会社での共同の参画を認めるのか、オフショア開発（海外の会社に委託や発注をすること）を認めるのかといった点での条件付けも考えられます。

もしベンダーが海外の会社の参加を提案してきた場合は、海外の安価な人材を活用することで単価を抑えられる可能性があります。一方で、ベンダーと海外の会社との間で異文化間のコミュニケーションが必要になった際に、ベンダーからの開発の指示がスムーズに伝わるかということが懸念点となります。このため、ベンダーにオフショア開発の実績があるのかをチェックしたり、スケジュール面での遅延などのリスクを想定したりすることが、発注者に求められます。

● 開発費用の見積についての条件

RFPでは、ベンダーに対し、その回答文書の1つとして開発費用の見積の提出を求めます。委託するベンダーの選定は、金額だけでなく、見積金額の算出根拠にも注目して行います。このため、どういった工程や機能にどのくらいの費用がかかるのか、その内訳がわかるような見積を提出してほしいという条件をつけます。

このように金額を細かく算出してもらうことには、発注者にとって、提案の中で優先度の低い機能を除外して契約することができるというメリットがあります。一式での金額になっていると、どの部分にどれくらいのお金がかかっているのかわからず、そういった判断ができないのです。

また、既存のシステムからの移行であれば、開発にかかる費用だけでなく、その移行費用や、移行後の運用や保守にかかる費用も分けて記載するように、RFPで条件をつけます。

さらに、予算の上限が決まっているなら、それもRFPに記載しておきます。

秘密保持契約（NDA）と面談・ヒアリングの実施

- ベンダーとは秘密保持契約を締結する
- 面談やヒアリングによって提案内容を詳しく確認する

秘密保持契約（NDA）

システム開発を進めるには、発注者がベンダーに秘密情報を提示する必要があります。このとき提示した情報を他の業務などで流用されると困ります。RFP は複数のベンダーに提示するため、契約に至らなかったベンダーに対しても、その発注者が取り組もうとしているシステム開発の情報が残ってしまうのです。

このため、発注者は何を秘密情報とするのかを定め、その情報の開示範囲を制限する契約を各ベンダーとの間で締結します。一般的には、発注者が RFP を提示する段階で取り交わします。これを秘密保持契約（NDA；Non-Disclosure Agreement）といいます。

秘密保持契約には、次のような情報を記載します。

● 秘密とする情報の内容

情報には極秘、社外秘、公開情報など、さまざまな種類があります。一般に公開されている情報（公知の情報）もありますし、秘密の情報でも、その発注者と取引しなければ得られなかった情報もあれば、システム開発のプロジェクトに参加する前から知っていた情報もあるでしょう。

このため、どのような情報を秘密にするのかを、契約の内容に含めておく必要があります。秘密保持契約書では、秘密情報の定義としてそこから除外する項目を指定することが多く、ベンダーがプロジェクトに参加する前から知っていた情報や公知の情報は除外項目とされることが一般的です。

● 開示範囲

システム開発を委託したとしても、そのベンダーの全員が発注者の開示する情

報を知ってよいわけではありません。このため、情報を開示する範囲をそのプロジェクトに関わるメンバーのみとするなどの指定をします。

● 管理方法

プロジェクトが進行している間どのように情報を管理するかだけでなく、プロジェクト終了後の扱いについても指定します。プロジェクト終了後に資料の返却を求めたり、不要になった時点で情報の削除を求めたりすることが一般的です。

◉ 面談やヒアリングの実施

RFI や RFP を提示し、その回答が提出されたときに、発注者と、発注先候補のベンダーが面談をすることもあります。発注者にとって面談は、提案内容を詳しくヒアリングしたり、疑問に思うことを聞いてみたりするだけでなく、そのベンダーでどのような人がプロジェクトマネージャーを務めるのか、その「人となり」を知る機会でもあります。

契約の前後で、発注者とベンダーの力関係は変わります。契約前は、開発を委託するベンダーを決める権限が発注者にあるため、発注者の力が大きいものです。一方、契約後は、ベンダーのほうがシステム開発に詳しいため、「技術的にできない」と言われると発注者は何も言えなくなってしまいます。

このため、契約後もきちんとコミュニケーションがとれる相手なのか、人柄などを発注前に確認する必要があります。

ベンダーの営業担当者は人当たりがよいものです。発注者からの要望に対して「できます」と言っていたにもかかわらず、実際に開発に入ると実現できないということもありえます。このため、面談で「できます」と言われた場合には、その裏付けを確認する必要があります。たとえば、具体的に他社の依頼で実現した事例を見せてもらったり、技術的な根拠を示してもらったりすることが必要です。

逆に、発注者にとって厳しい答えを返したり、抜けや漏れを指摘したりするベンダーは信頼できます。相手から指摘されるのは誰しも嫌なものですが、発注者はシステム開発について素人であるため、抜けや漏れがあることは当たり前です。ベンダーが発注者に忠告しておきたいと思う状況はシステム開発において多く発生します。そういった指摘を受けられることは発注者としても助かるでしょう。

3
日目

2
発注者の仕事の概要

2-4 ベンダーの選定

POINT

- RFI と RFP の回答内容をもとに重みづけ評価を行うなど、根拠を説明できる評価手法を採用する

⊙ RFI と RFP に対する回答での評価

入札で複数のベンダーから RFI と RFP に対する回答を受け、その中から発注するベンダーを選択するとき、「過去に付き合いがあるから」「金額が一番安かったから」といった理由だけで決めてしまうと、トラブルが発生することがあります。

それぞれの回答をなるべく客観的に評価し、比較するためには、事前に評価基準を設けておきます。よく使われるのが、採点表を使った「重みづけ評価」です。この方法には一般的な評価基準となる指標が存在しないため、その基準は発注者が自らの裁量で自由に設定してかまいません。ただし、何を評価の基準とするかは RFI と RFP に対する回答を受け取る前に決めておき、その基準に沿って評価することが大切です。RFI と RFP への回答の内容を確認したあとで、特定のベンダーを優遇するために評価基準を変えるのでは意味がありません。

よく使われる評価項目として、RFP への回答における QCD (品質、コスト、納期) や RFI に対して提示された情報における会社の信用力や体制が挙げられます。

- **品質**
  RFP に書いた内容をどれだけ網羅しているかを評価する網羅性や、RFP の内容をきちんと理解して提案しているかを評価する理解度などの観点からその提案内容の品質を見ます。
- **コスト**
  開発における見積金額の根拠は妥当か、内訳が明示されているかと合わせて、運用や保守にかかる費用や、それぞれの金額と内容のバランスがとれているかも見ます。
- **納期**
  開発完了までにかかる期間は妥当か、その内訳が明示されているか、トラブルが発生したときに備えた余裕はどのくらい見込まれているかなどを見ます。

- ● **会社の信用力**

  財務体制は問題ないか、会社の過去の実績は十分かなどを見ます。

- ● **体制**

  プロジェクトマネージャーや開発体制は十分検討されているか、人間性やコミュニケーションに問題はないか、業務知識や技術知識は十分かなどを見ます。

これらを、次の表のような重みをつけて評価します。

● 重みづけの例

項目	品質	コスト	納期	信用力	体制
重み	4	5	4	5	3

　各ベンダーについてそれぞれの項目の評価と重みの数値を掛け合わせて合計した点数がもっとも高いベンダーを選びます。たとえば、ベンダーA、B、C が入札しており、それぞれの評価が次の表のようになったとします。

● 入札内容の評価の例

項目	品質	コスト	納期	信用力	体制
A 社	3	5	4	2	4
B 社	4	4	3	4	3
C 社	5	3	3	3	4

それぞれに対して重みを掛け合わせると、総合得点は次のように計算できます。

$$A 社：4 \times 3 + 5 \times 5 + 4 \times 4 + 5 \times 2 + 3 \times 4 = 75$$
$$B 社：4 \times 4 + 5 \times 4 + 4 \times 3 + 5 \times 4 + 3 \times 3 = 77$$
$$C 社：4 \times 5 + 5 \times 3 + 4 \times 3 + 5 \times 3 + 3 \times 4 = 74$$

これにより、B 社が最適だと決まります。

　当然、重みのつけ方や何を評価項目とするかによって結果は変わります。このため、開発するシステムの重要度や予算、スケジュールなど重視する項目を考慮し、事前に重みを設定しておくことが大切です。また、特定の人の主観に評価が偏ることがないように、複数の人で評価することも必要です。

3
日目

2

発注者の仕事の概要

契約書の作成

民法では、書面がない口頭の約束でも契約は成立しますが、口頭の約束では
トラブルが発生し、「言った、言わない」というやりとりに発展することがあ
ります。最終的には裁判になる可能性もあります。

こうしたことへの懸念から、入札が終わった段階で書面による契約を締結す
ることが推奨されます。

経済産業省や特許庁が用意しているモデル契約書類※8 を参考にすれば、契約
書面にどのような項目が必要かで悩むことは少ないでしょう。

ただし、契約は多段階で行われることがあります。たとえば、要件定義から
設計、実装、テストまでを含めてベンダーが一括で請け負う「一括請負」があ
る一方で、要件定義の段階では準委任契約でベンダーの社員が発注側に常駐
して一緒に作業をし、設計以降を請負契約で行うというケースもあります。

見積を依頼するベンダーの数はどのくらいが適切か

いくつのベンダーに見積を依頼するかは難しい問題です。社内にシステム開
発部門があればそこに任せるだけで済み、普段から取引のあるベンダーが
1 社でそこと取引することが事前に決まっている場合もあります。

しかし、一般的には相見積もりを取ることが多いです。このとき、多くのベ
ンダーから見積を取ると、安くて良いベンダーが見つかるかもしれません。
しかし、多くのベンダーから見積を取ると、選択肢が多すぎてかえって選べ
ないという状況も起こりえます。

見積作成にはコストがかかり、契約に至らなければその時間はベンダーにとっ
て無駄となります。このため、3〜4 社に絞って依頼することが一般的です。

最近では、提案や見積を依頼するときに、見積費用を支払う例もあります。契
約につながらなくても見積費用を受け取れるのであれば、ベンダーも時間をか
けて精度の高い計算ができるため、「良い見積」が出てくることが多いです。

※ 8　https://www.jpo.go.jp/support/general/open-innovation-portal/index.html

2-5 その他の発注者の仕事

・ベンダーと共同で開催される要求分析や要件定義の打ち合わせに
参加する
・ベンダーが作成した要件定義書を確認する

打ち合わせへの参加

発注するベンダーを決定し、契約が完了すると、本格的に開発作業が始まります。RFPである程度の内容が整理できている場合でも、それを受注者であるベンダーが正しく把握しているかの確認も含めて、定期的に打ち合わせを行います。

特に、要求分析や要件定義の段階では頻繁に打ち合わせに参加し、双方の認識を一致させながら進めます。

要件定義書の確認

ベンダーとの打ち合わせを通して要件定義が問題なく進むと、ベンダー側にて要件定義書が作成されます。この内容に基づいて設計から実装へと進むため、発注者側としては、要件定義書ができた段階で内容を確認しておかなければなりません。

RFPに記載した内容のうち、実現することとしてベンダーと合意した事柄が漏れていないか、ベンダーから提案を受けた内容が追加されているか、打ち合わせの中で決まった内容が書かれているかなどを丁寧に確認します。

なお、RFPの段階である程度細かい仕様まで明文化できていると、要件定義書のような文書を作成する必要がなく、打ち合わせの議事録だけで済ませることもあります。ただし、RFPが発注者の視点での分析内容であるのに対し、要件定義書にはベンダーの視点が入ります。この部分で認識の齟齬がないことの確認は必要です。

3 受注者の仕事の概要

- ☐ RFI への回答、提案書と見積書の作成
- ☐ 要求分析で要望を聞き出す
- ☐ 要件定義で開発対象を洗い出す

3-1 RFI への回答、提案書と見積書の作成

POINT

> - 会社の情報や過去の実績を、RFI への回答資料としてまとめる
> - 提案依頼書（RFP）に対して提案書と見積書を作成する
> - 見積書は、開発に必要な工数を想定して作成する

🔵 RFI に回答する

　会社概要や過去の実績など、RFI で求められた内容について文書で回答します。過去の実績については、その実績に関わった相手企業との秘密保持契約などを確認し、公開できる範囲内で記載します。

　一般的には発注者が用意した書式にしたがって記入するだけですが、別紙として会社案内など自社の資料を添付できることもあります。そうした資料を提出する際は、最近の更新情報があれば、それも添えておきましょう。

🔵 提案書を作成する

　発注者からの RFP を受けて、そのシステムの開発に対する技術的な知見を持つベンダーとしてそれに応えることを主旨とする文書が提案書です。

　ベンダーは、発注者が想定している機能を満たすとともに、独自性のある提案を出す必要があります。もし、独自性のない案で、見積金額が他社と同程度であれば、他社の提案内容が採用されてしまい、失注する可能性があるためです。

　提案書を作成するときのポイントとして、以下のようなことが考えられます。

● 実現可否や代替案を明確にする

　RFP に書かれている内容は基本的にすべて実現することが求められます。しかし、その内容によっては費用がかかりすぎたり、時間がかかりすぎたりする可能性があります。そこで、提案書の内容として、RFP に書かれている内容に対する実現可否や代替案を明確に記述しておきます。

　これにより、開発が進んでから「実現できていない」と言われるトラブルを防ぐことにつながります。

● 独自の機能を追加する

　RFP に書かれていない内容であっても、ベンダーの視点から「こういった機能が必要ではないか」「こういった機能があればより効率よく仕事ができる」といった提案を盛り込みます。

　もちろん、機能を追加すると、それだけ見積の金額が高くなってしまう可能性があるため、オプションとして別料金で提案する方法もあります。その提案内容がよければ合わせて採用される可能性もありますし、不要であれば除外した金額で契約すればよいので、発注者側が選択できます。

● デザインを工夫する

　システムの画面イメージをプログラマが作成すると、シンプルにまとまったデザインになることが多いです。プログラマが最小限の工数で開発しようとデザインを考えた場合、必要な機能が詰め込まれたシステムにはなるでしょうが、システムは「動けばよい」というものではありません。

　特に一般の利用者が使う Web サイトや Web アプリであれば、そのデザインは重要になります。社内の事務担当者が使うシステムであっても、デザイナーがデザインを少し工夫するだけで見栄えがよくなることは珍しくありません。

　このため、提案書を作成する段階でデザイナーが積極的に参加し、見た目を工夫することは差別化の手法として有効です。

見積書を作成する

提案内容を検討するとともに、そのシステムの開発に必要な期間、人員の配置や金額を見積もります。どのような工程にどのくらいの人員を配置するのかが決まり、開発に必要なツールや使用する機器などがわかると、2日目で解説した手法などを用いて、金額も算出できます。

● スケジュール

RFP で提示されたスケジュールを満たすように、開発者の目線でもう少し細かなスケジュールを作成します。このとき、2日目で解説したような WBS やガントチャートを作成し、どの期間でどの工程を実施する予定なのかを記載します。

見積書を作成する時点では、おおまかなスケジュールでかまいませんが、要件定義書を確認する時期や受入テストの時期など、発注者が参加するタイミングや、時間的な余裕を把握できるようにしておきます。

● 開発体制

発注者はスケジュールや金額だけを示されても、その妥当性を判断できません。そこで、どのような人員配置でシステム開発に取り組むのか、体制を記述します。

具体的には、プロジェクトマネージャーを誰が担当するのか、そしてプログラマやデザイナーなどの人数に加え、窓口となる担当者の情報を書いておきます。

● 開発費用

開発の費用は設計や開発、テストといった工程ごとに算出するとともに、特に開発・実装工程については「どの機能にどれだけの費用がかかるのか」を明確にしておきます。そうしておくと、予算の都合などで実現する機能を取捨選択しなければならなくなった場合に、発注者が判断しやすくなるのです。

● 保守費用、ランニングコスト

開発が完了したあとの保守費用として、月額や年額での費用を記載します。また、サーバーの維持管理などのランニングコストについても記載します。

3-2 要求分析で要望を聞き出す

POINT

- 発注者の求めるものを聞き出す
- 過去の経験や技術者としての視点から実現可否を判断する

要求分析とは

要求分析は、受注が決まったら最初に遂行する作業でした。名前のとおり、「要求」を分析することなので、「従業員に対して定期的にメールで新着情報を通知したい」というように「〜したい」という視点で考えます。英語の「Want」を考えることだといえます。利用者の目線で、どのような機能が必要かを考えましょう。

このとき、システム内部の動作を想定するのではなく、システム自体はブラックボックスとし、そこからどのような応答が得られればよいのかを考えます。

発注者側でも RFP を作成する段階で同様の要求を調査していますが、ベンダー側での要求分析には、過去の開発経験をもとに、似たような事例を思い出し、さまざまな視点からアイデアを出せるという特徴があります。

システム開発にあたり、どのようなシステムの開発が必要なのかを理解するには、発注者の仕事内容を知ることが重要です。システム開発前の段階ではどのように仕事を進めているのか、その中にどのような問題点があるのか、具体的にどうすれば改善できると考えられるのか、といったことを聞き出します。

具体的には、そのシステムが完成したときに利用すると思われる関係者との打ち合わせなどでインタビューを実施します。インタビューだけでは曖昧な回答しか得られないかもしれませんが、どれだけ深掘りできるかが鍵になります。

たとえば、蔵書管理システムを作るときに、「蔵書がもっと読まれるようにしたい」という要求があったとします。これに対して「読む人を増やす」「1 人が読む本の数を増やす」「蔵書の数を増やす」などの解決策が考えられます。

さらに、「読む人を増やす」にはどうすればいいかを考えると、「多くの人に蔵書の存在を知ってもらう」「蔵書を借りる便利さを知ってもらう」などさまざまな案が出てきます。

そして、「多くの人に蔵書の存在を知ってもらう」には、「従業員に対して定期的にメールで通知する」などの方法が考えられます。

● 要求を深掘りする

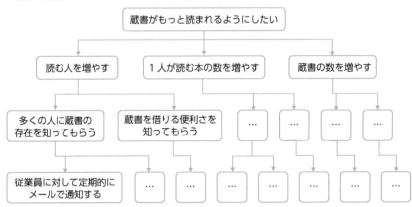

インタビューには、話す側と聴く側で会話のキャッチボールが行われるので、要求分析が進みやすくなるという利点があります。しかし、開発するシステムを利用する実務を担う担当者が、システム開発を発注した会社ではなく、その取引先に所属しているなど、直接的なインタビューができないことも少なくありません。そのような場合は、発注者側で集約された意見をもとに要求分析を行います。

インタビューや発注者側で集約された意見から情報が得られたら、それをもとに、システムを利用する実務の担当者がどんな作業をどんな手順で進めたいのかを明らかにします。詳しくは第4節で解説しますが、この要求分析の工程を経ることで、あとの要件定義で必要な機能を見定めやすくなります。

要求分析が終わったら、その成果として、システムに対する実務担当者の要望を整理してまとめます。大規模なシステム開発では要求定義書という文書を作成しますが、本書が対象としている規模のシステム開発では、議事録や覚書など、比較的簡素な文書にまとめて発注者とベンダーで共有することが一般的です。

こういった文書が受入テストにおける確認に使われるため、発注者側の要求に含まれる「技術的に実現が困難であるもの」や「実現できたとしても性能面で実用に耐えないものになりそうなもの」については、要求分析の段階で技術者の視点から除外する判断が求められることがあります。

3-3 要件定義で開発対象を洗い出す

POINT

- 要求分析を受けて、システムとして実現する機能として整理する
- 機能要件だけでなく非機能要件についても整理する
- 要件定義書を作成し、発注者に確認を依頼する

要件定義とは

要求分析によって発注者側の要求を聞き出したあとに、要件定義という作業を行います。要件定義では、発注者側の要求をもとに、実現する機能を整理し、それを要件として定義します。

要求分析では「〜したい」という視点で考えましたが、要件定義では人がシステムを使ってすること、つまり「〜する」という視点で考えます。英語の「Do」を考えることだといえます。

その要件は、機能要件と非機能要件に大きく分けられます。

● 機能要件

機能要件は名前のとおり、利用者が使う機能についての要件のことです。たとえば、「従業員に対して定期的にメールで新着情報を通知したい」という要求であれば、それを実現するために、具体的にどんな機能が必要かを考えるのです。

この場合は、「送信する文面を登録する機能」が必要ですし、「自動的にメールを送信する機能」も必要です。また、「メールの送信先を設定する機能」や「配信する日付や時刻を変更する機能」も必要かもしれません。

● 非機能要件

開発者以外の人は、「ログインする」「蔵書を検索する」「貸出を登録する」といったシステムの機能面しか考えていないことが多いものです。しかし、システム開発をする際には、機能面以外の非機能要件にも目を向ける必要があります。非機能要件には、次のようなものがあります。

- 可用性、信頼性：利用者に迷惑をかけないように安定して動作する
- 性能：実用に耐えられる応答性が確保されている
- セキュリティ、安全性：事故や外部の攻撃などからシステムやデータが守られている
- 拡張性、柔軟性：機能改良が容易で、変更コストが少ない
- 運用性、保守性、操作性：操作を覚えやすくて使いやすい
- 移行性：他の環境に移しやすい

いくつか具体例を挙げましょう。

Web アプリを運営するとき、考えなければならないのが「サーバーへの負荷」です。同時に大量の人がアクセスしたとき、サーバーにどの程度の負荷がかかるのか、データ量が増えるとどうなるのか、といった点を考えなければなりません。開発当初は問題がなくても、利用者が増えたりデータ量が増えたりして処理にかかる時間がどんどん長くなると、利用者の待ち時間も長くなってしまいます。こうなると、不満が高まってシステムが使われなくなってしまいます。

このような事態の発生を防ぐべく、「3 秒以内に応答する」「年間の停止時間は8 時間以内」といった要件をつけることが考えられます。これらの要件は、前掲の「可用性、信頼性」や「性能」に該当します。

ほかにも、外部からの攻撃やデータの破損について考える必要があります。多くの人にとって、ソフトウェアは問題なく動いていて当たり前のものです。外部から攻撃を受ける可能性があることは知っていても自分のこととして捉えられていませんし、データが失われることへの想定が不足しています。しかし実際には、ウイルスに感染してファイルが削除されることや、利用者の操作ミスによってデータが上書きされてしまうことがありえます。コンピュータは電子機器ですので壊れることもありますし、災害によってデータが失われてしまうかもしれません。このとき、データをもとに戻すためにはバックアップが必要です。

攻撃を受けたり不正な操作が行われたりしたときには、事後調査を行うための証拠としてログが必要です。ログには、コンピュータの利用状況やデータ通信の履歴などが日時とともに自動的に記録されています。このため、攻撃などが行われる兆候がないかをログから判断する「予兆検知」や、監視カメラのようにログを取得していることで攻撃などを行わせにくくする「不正防止」といったことが行われています。

こういったバックアップやログの必要性から、「バックアップを取得する」「ログを取得する」といった要件をつけることが考えられます。これらの要件は、前掲の「セキュリティ・安全性」に該当します。

非機能要件の中には開発者側が責任を持って考えるべきことが多くあります。ソフトウェアは家電などの商品とは異なる部分が多く、裏側で処理されていることが一般の利用者には見えにくいという特徴があります。発注者が想定すらしていなかった要件にベンダー側が気づき、RFP に書かれていなかったことや要求分析で出なかったことを要件として定義することは珍しくありません。

特に、最近のソフトウェアは裏側でインターネットに接続していることが多いものです。外部から攻撃を受ける可能性があるなど、インターネットに接続していることによる影響は計り知れません。

システム開発を進める際には、システムの内容を踏まえて非機能要件を定義し、問題が発生した場合に利用者が不便だと感じる状況の発生を最小限に抑えることを考えなければならないのです。

◎ 要件定義書の作成

開発対象を洗い出し、要件を整理できたら、それを文書化します。この文書が要件定義書です。IPA（独立行政法人情報処理推進機構）が発行している「ユーザのための要件定義ガイド 第 2 版」[9] や「超上流から攻める IT 化の事例集：要件定義」[10] などを見ると、文書化の際の一般的な項目がわかりますが、必ずしもこれらに沿って記述しなければならないわけではありません。

文書の形式は組織やプロジェクト、システムの内容によって異なるため、要件定義で検討した内容の結果を整理して作成します。

そして、作成したものを発注者に提示し、確認を依頼します。

---

[9]　https://www.ipa.go.jp/publish/tn20191220.html

[10] https://www.ipa.go.jp/archive/digital/tools/ep/ep2.html

「開発するシステムの中身」を決めるための手法と表現法

- ☐ 意見や要望を洗い出すための検討・話し合いの手法
- ☐ 開発対象を整理するために使われる図や表
- ☐ 開発するシステムの中身を決めるためのポイント

4-1 意見や要望を洗い出すための検討・話し合いの手法

 POINT

- ・意見や要望を洗い出すために、ブレインストーミングが行われる
- ・意見や要望を整理するために、KJ法が使われる

ブレインストーミングで意見や要望を出す

本章で解説している開発するシステムの中身を決める工程では、随所で文書としての成果物が必要とされ、工程の最後の成果物も要件定義書という文書です。それらの文書は図や表が入ったものとなるのが普通です。

そうした文書の作成を目標にすると、「情報を整理しなければならない」という意識が働きますが、情報を整理する前の段階として、多くの意見や要望を出す必要があります。現実的でない意見や要望であっても、まずはたくさん出すことを優先しましょう。

こういった話し合いの進め方をブレインストーミングといい、略してブレストと呼ぶこともあります。会議など複数人が集まってアイデアを出すときの手法で、自由な発言を重視することが特徴です。出された案を否定したり、結論を出そうとしたりせず、質より量を求めることがポイントです。

蔵書管理システムの要求分析を例にとって考えてみましょう。要求分析の項目で解説したように、要望を出す段階では「〜したい」という視点で考えます。

- 蔵書をタイトルで検索したい
- 蔵書を ISBN で検索したい
- 同じ著者の本を知りたい
- 新たな本を蔵書に登録したい
- 蔵書を借りている人を知りたい
- 借りたい本が返却されたら通知してほしい
- 通勤中にスマートフォンから貸出状況を確認したい
- 月間での蔵書の貸出数などのレポートが見たい

こういった要望が多く挙がってくると、どのような構成でシステムを作るのがよいのかが見えてきます。それゆえ、この段階では、Web アプリなのか、スマホアプリなのか、といったシステム構成を考えることより、多くの要望を挙げ、収集することが大切です。

さらに、ほかのアイデアと組み合わせると面白いことができそうだと思ったら、それも追加していきます。たとえば、

- 借りたい本として登録されたら、今借りている人に通知される

といった機能はどうでしょうか。量を優先してアイデアを収集するブレインストーミングでは、このように、アイデアが新たなアイデアを呼ぶ、という効果が期待できるのです。

◎ 意見や要望を整理する

多くの意見や要望が出されたら、その中から開発するシステムに反映するものを整理していきます。出された意見や要望を付箋などに書いて、似たような機能をまとめていくとよいでしょう。

このようにアイデアを整理する方法を KJ 法といいます。名前の KJ は考案者の川喜田二郎氏のイニシャルから取られています。KJ 法では、付箋を並べ替えたりグルーピングしたりすることでアイデアを整理できます。

3
日目

4

「開発するシステムの中身」を決めるための手法と表現法

● KJ 法

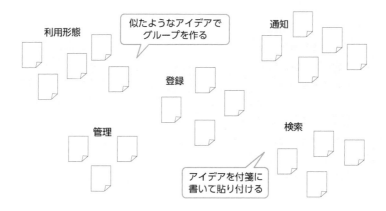

　システム開発においては、KJ 法によって、開発するシステムの中身を決めるための意見や要望が出揃っているかを確認できます。たとえば、ある画面についての付箋の枚数が少なければ、その画面についての発想が足りていないのかもしれません。また、さまざまな画面での登録や検索といった機能面で分類すると、更新や削除といった機能についての付箋の枚数が少ないと気づくこともあるでしょう。

　KJ 法を実施するときは、ある分類での付箋の枚数が少数だからといって無視することがあってはなりません。付箋の枚数が少なくても、そのような付箋があることによって、ほかの視点で考えるきっかけになるかもしれないのです。

　こうして整理された意見や要望をもとに、システムとして実現する内容を文書としてまとめていきます。

4-2 開発対象を整理するために使われる図や表

POINT

- RFP や要件定義書などは、図や表も使ってわかりやすくまとめる
- ユースケース図や画面遷移図、業務フロー図がよく使われる
- 複雑な機能についてはシステム内部のデータの状態を考える目的で、状態遷移図や状態遷移表を作成する

RFP や要件定義書などでは同種の図や表が多用される

　本章の第１節で述べたとおり、開発するシステムの中身を決める工程は、発注者が RFP という文書を作成することから始まります。この工程の後半には、受注者であるベンダーが要件定義書という文書を作成する作業があります。この２つの文書は、作成者が誰か、正確さや詳細さ、未確定要素の数などの点で異なるものの、開発するシステムの中身の決定という目的に向かっている点は同じです。

　これらの文書では、内容をわかりやすくするため、図や表を作成することもあります。文書の目的が同じであるため、作成する図や表の種類も、基本的には共通のものとなります。

　以上を踏まえ、RFP や要件定義書などに掲載する図表の種類と、作成するときのポイントを解説します。

一般的によく使われる図

　RFP や要件定義書などでよく使われる図として、ユースケース図や画面遷移図、業務フロー図の３つが挙げられます。

ユースケース図

　そのシステムを使って「誰が」「何をするのか」を明確にする図に、ユースケース図があります。あとに示すように、人型のアイコン（アクター）で「誰が」を表

し、アクション（ユースケース、下の図では楕円）で「何をするのか」を表現する図です。これにより、同じ人ができる操作（処理）を明確に表現できます。

● ユースケース図の例

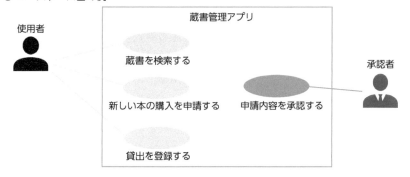

● 画面遷移図

画面の一覧と遷移を整理して、画面遷移図を作成します。利用者の目線で、システムに必要な画面を洗い出し、その画面間の遷移を矢印で描きます。それぞれの画面で表示される項目や入力する項目が決まっていれば書いておきます。

たとえば蔵書管理システムを Web アプリとして実現することを考えた場合、次の図のように描くとわかりやすいでしょう。

● 画面遷移図

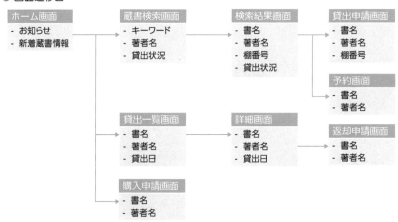

● 業務フロー図

　システムを使って行う業務が画面遷移図で示された内容だけでない場合、たとえば画面遷移の裏側でメールを送信するなど画面遷移図では表現しきれない処理をしたい場合は、それを次の図のように整理しておきます。

● 業務フロー図（購入申請・承認のフローの例）

　このような図を業務フロー図やアクティビティ図といいます。昔ながらの言い方であれば「フローチャート」が近いでしょう。システムに関わる人物や条件分岐を口頭で説明するのは困難ですが、この図を用いればわかりやすく伝えることができます。

　システムに含まれる機能が単純な画面遷移だけでなく、メールの送信やデータベースへの書き込みなど特殊なものが多くなると、見積金額が大きく変わる可能性があります。それゆえ、この図が特に RFP 段階で具体的に描かれていると、ベンダーは助かるでしょう。発注者としても、自社の業務の棚卸しができるという一面があるため、双方にとってメリットがあるといえます。

　業務フローを整理することで、これまで気づかなかった作業の無駄に気づくこともありますし、特定の人に業務が集中している箇所が見つかるかもしれません。気づいた改善点をシステムの内容に盛り込むことで、システム導入の効果をさらに高めることができます。

システムの複雑さに応じて使われる図

システムの内部については主に受注者であるベンダーが検討しますが、発注者側でも、コンサルタントに相談するなどしておおまかなイメージを持っておき、RFP に反映できるとよいでしょう。そうすれば、希望するシステムがスムーズに手に入る可能性が高まります。

システムの内部を検討する際に考えるのは、データの状態です。手がかりがない状態からそのシステムの内部を捉えるのは大変ですが、管理すべきデータを挙げてその状態に着目し、次の行動や機能を想像することで、比較的容易にシステム内部で持つべき状態を洗い出せます。

データの状態を表現するときは、前山の画面遷移図、業務フロー図という 2 つに加えて、次に説明する状態遷移図や状態遷移表を作成することもあります。

● 状態遷移図

たとえば、部下からの申請を上司が承認するような機能が必要な場合、データの状態が多くなり、その状態の管理が複雑になります。このようなときは、次に示すような状態遷移図を作成するとわかりやすく表現できます。

● 状態遷移図の例

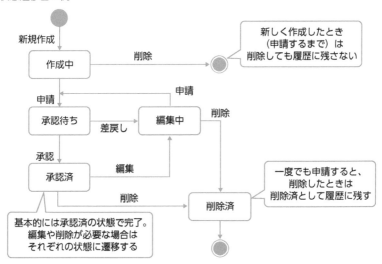

状態遷移図は、複雑な状態管理の全体像をおおまかに表現するのに適しており、条件や遷移を細かく書くよりも、視覚的にわかりやすくすることが大切です。

● 状態遷移表

状態遷移図は、細かい条件を書くと全体像を読み取りにくくなってしまいます。そこで、状態遷移図に記載しきれない細かい条件を補う目的で**状態遷移表**を使います。表形式で表現することで、さまざまな条件の組み合わせを把握でき、抜けや漏れも防止できます。状態遷移表を見ることで、実際には遷移が発生しない状態も把握できます。

下の表では見出しの1行目に書かれている操作者が、見出しの2行目に書かれている操作内容を行ったときに、左端の状態からどのような状態に遷移するのかを表しています。

たとえば、左端が「作成前」の状態で、使用者が「新規作成」の操作をすると「作成中」に遷移することがわかります。また、左端が「作成中」の状態で、使用者が「申請」の操作をすると「承認待ち」に、「編集」の操作をすると「作成中」に、「削除」の操作をすると「物理削除」になることがわかります。

● 状態遷移表の例

操作者	使用者	使用者	使用者	使用者	承認者	承認者
操作内容	新規作成	申請	編集	削除	承認	差戻し
作成前	作成中	-	-	-	-	-
作成中	-	承認待ち	作成中	物理削除	-	-
承認待ち	-	-	編集中	削除済	承認済	編集中
承認済	-	-	編集中	削除済	-	-
編集中	-	承認待ち	編集中	削除済	-	-
削除済	-	-	-	-	-	-

開発するシステムの中身を決めるためのポイント

POINT

・網羅性と整合性を意識する
・システムの内部だけを見るのではなく、外部環境も把握する
・外部環境、境界、内部の状態に分けて考えるとわかりやすい

網羅性と整合性を意識する

システム開発の中身を決めるとき、必要な機能の抜けや漏れをなくすことができれば理想的ですが、現実には難しいものです。特に、システム開発の経験が少ない発注者の立場では、すべての機能を洗い出すことはできないと考えたほうがよいでしょう。また、ベンダーの立場でも業務内容をすべて理解できることはまれです。そこで意識すべきこととして、網羅性と整合性があります。

網羅性といっても、細かくすべてを網羅するという意味ではなく、粗くてもかまわないので全体をカバーするという意味です。

蔵書管理システムの例でも、必要な項目をすべて洗い出すのは難しいでしょう。あとになってから、ある画面に「この項目も追加したい」というものが出てくる可能性があります。それがたとえば、書籍の詳細を表示する画面に「発売日」という項目を追加したいといった要望であれば、設計段階まで抜けていて実装段階になってから項目を追加することになっても、それほど問題にはなりません。

問題になるのは、そもそも必要な画面が抜けている、という状態です。たとえば、蔵書を借りる使用者の画面ばかり考えていて、承認者の画面を考えないまま要件定義が済み、そのあとの設計も終わってしまったとしましょう。すでに実装に入っている状況で画面を追加することになると、それらの画面は見積に入っておらず設計やその前の段階からやり直す必要があり、追加の金額が発生してしまいます。

限られた時間の中でできるだけ精度の高いRFPや要件定義書などを作成するためには、細かな項目に注目するよりも、全体を考えて、どういった使い方をするのかを整理することが大切です。たとえば画面を考えるのであれば、画面内の

項目を 1 つずつ確認するよりも、画面遷移図を見て業務の流れを考えたときに、そのフローで業務を進められるかを意識します。

もう 1 つ意識すべきことが整合性です。当初は「本を 1 冊借りたら返却するまで次の本は借りられない」という前提で要件定義や設計を進めていたが、「本を同時に複数冊借りられるようにしたい」という要望が出たとします。この要望に対応したときにシステム全体として整合性がとれなくなるようでは困ります。

「現在借りている本」を表示する画面で 1 冊しか表示されないと、利用者が複数冊の本を借りられるようにしても、借りている本をすべて確認できません。もし複数冊借りられるように変更するのであれば、「現在借りている本」を表示する画面でも複数冊を表示できるようにしなければなりません。

このように、開発するシステムの中身を決める工程での考え方として、1 つの変更がほかに影響することを想定し、整合性がとれるように意識することが大切です。

システムの外部環境を把握する

システム開発というと、システムの内部を意識しがちですが、「いつ」「どこで」「誰が」「どうやって」「なんのために」そのシステムを使うのかといった外部環境に意識を向けることも、とても大切です。この意識が抜け落ちて、内部にばかり注目していると、機能や性能がよくても使えないシステムになってしまいます。

蔵書管理システムでは、社員が社内で使うだけでなく、「自宅から」「通勤中に」使うといったことが考えられます。これらを実現することを考えると、Web アプリにするという判断は妥当だといえるでしょう。

システムの外部環境は文書で書くこともできますが、図を使うと明確にしやすいです。中でも、前項で描き方を紹介したユースケース図は、これを表現するのに向いているといえるでしょう。

システムの外部環境としては、他のシステムとの連携なども考えられます。たとえば、書籍の情報を取得するために外部の書籍情報サイトと連携するのであれば、書名や著者名、出版社、発売日などの情報をそこから取得するのかを検討します。ログイン情報を人事システムなどと連携するのであれば、名前やメールアドレス、所属部署名などの情報の取得が必要なのかを検討します。

● システムの外部環境

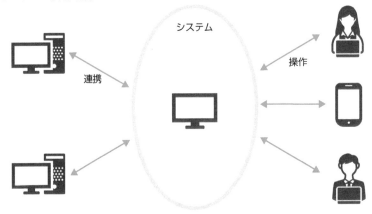

システムの境界を整理する

　ここまで、システムの内部の構成と、外部環境について解説してきました。そして、これらをつなぐ部分のことを境界といいます。

　システムの外部と内部をつなげる部分のように、接点になる部分をインターフェイスといいます。たとえば、機器と機器をつなぐ部分として、USB やHDMI[※11]、LAN などが挙げられます。

　同様に、コンピュータと利用者とのインターフェイスは「ユーザーインターフェイス」といい、GUI（アイコンなどを表示してマウスで操作する）や CUI（キーボードでコマンドを入力して操作する）といった形式があります。

　このような、システムとそれ以外の境界まわりで検討すべき事柄として、次のようなことが挙げられます。

- **画面や帳票の表示内容**
  各画面や帳票にどういった項目を表示し、画面からどういった項目を入力してもらうのか、といったことを考えます。これらを考えることで、どういった項目を保存しなければならないのかが明確になります。

※ 11 映像や音声をデジタル信号で伝送する通信規格。パソコンやゲーム機などの本体とディスプレイやプロジェクターなどの映像機器を接続するときに使われる。

● イベントの発生

システムの内部で何らかの処理を実行するには、外部からきっかけが必要です。利用者がボタンを押した、キーボードから入力した、外部のプログラムから呼び出された、指定した時刻になった、などをイベントといいます。どのようなイベントが発生したときに、どんな処理を実行するのかを考えます。

こういった境界での動きを確認するときは、ユースケース図が示すような「誰が」「何をするのか」という視点で考えるとわかりやすいでしょう。

蔵書管理システムの例では、検索や登録といった機能がイメージできれば、登録のボタンが必要になることが想像でき、またその画面でどのような項目を入力してもらえばよいのか、登録などのボタンを押したときにどんな処理が実行されるのかが明確になります。さらには、指定した時刻になったというイベントが発生した場合の処理について検討するのもよいでしょう。たとえば、毎日朝9時に現在の貸出状況を通知するメールを使用者に送信する、毎月1日に前月の貸出状況を管理者に報告するレポートを作成するなどの機能が考えられます。それぞれの機能が必要かどうかは、システムを使う業務の実態に照らして判断します。

このように境界を整理すると、そのシステムとそれ以外とのやりとりがイメージしやすくなります。

● 境界の整理

画面のイメージ

帳票のイメージ

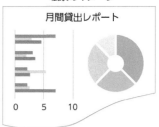

3日目

◎ 3日目のおさらい

| 問題

Q1 次のうち、提案依頼書（RFP）に記載すべきものをすべて選んでください。

A. システムの概要
B. システムの設計書
C. 提案の条件
D. 提案から契約までの手続き

Q2 次のうち、入札で評価するときに重みづけ評価を使う理由として正しいものを選択してください。

A. 金額がもっとも安い提案をしたベンダーを選ぶため
B. 第三者によって提案内容を評価するため
C. 入札の難易度を上げて、提案するベンダーの数を減らすため
D. 感覚ではなく、数値を使って客観的に比較できるようにするため

Q3 要求分析と要件定義の違いを考えたとき、次のうち、要求に該当するものをすべて選択してください。

A. 管理者が新刊を登録する
B. 発売日の順番に並べたい
C. ランキングが上位の本を知りたい
D. 利用者が本を返却する

Q4

次のうち、ブレインストーミングのコツとして正しいものをすべて選択してください。

A. 量より質を求める

B. 出された案を否定しない

C. 自由な発言を重視する

D. ほかのアイデアと組み合わせるのもよい

Q5

次のうち、画面遷移図だけでなく業務フロー図を作成する理由として正しいものを選択してください。

A. 画面遷移図だけでは入力したり表示したりする具体的な項目がわからないため

B. メールを送信するなど、画面遷移だけでない特殊な処理を記述するため

C. 画面のデザインを作成するには、画面遷移だけでなく画面内の配置についての資料が必要なため

D. 画面遷移図を見ても、そこに書かれている用語の意味がわからないと、見積を作成できないため

Q6

次のうち、状態遷移図と状態遷移表の違いについて正しいものを選択してください。

A. 状態遷移図は PowerPoint で作成したものを指し、状態遷移表は Excel で作成したものを指す

B. 状態遷移図は管理者が把握するために作成し、状態遷移表は開発者が把握するために作成する

C. 状態遷移図は全体像を理解するために使い、状態遷移表は抜けや漏れを防止するために使う

D. 状態遷移図は発注者が作成し、状態遷移表はベンダーが作成する

Q7 社内システムにおいて、それを使うユーザーの状態を管理するために、状態遷移図と対応する状態遷移表を作成したとき、空欄に入る状態として正しいものを記述してください。

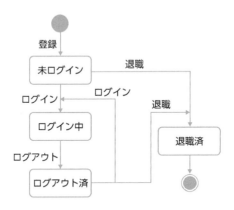

操作者	管理者	ユーザー	ユーザー	管理者
操作内容	登録	ログイン	ログアウト	退職
（登録前）	未ログイン	-	-	-
未ログイン	-	（ ① ）	-	（ ② ）
ログイン中	-	-	（ ③ ）	-
ログアウト済	-	ログイン中	-	（ ④ ）
退職済	-	-	-	-

① _____　② _____

③ _____　④ _____

解答

A1　A、C、D

提案依頼書は発注者がベンダーに対して提案を求めるために作成される文書であり、「システムの概要」と「提案の条件」、「提案から契約までの手続き」などを記載します。

Bにある「システムの設計書」については、ベンダー側で要件定義のあとで作成されることが一般的であるため、提案依頼書には含まれません。

➡ P.81〜83

A2　D

入札した事業者の中から委託先を選ぶとき、RFIやRFPへの回答を見て感覚的に選んでいると、根拠が曖昧になります。重みづけ評価など数値化できる指標があると、根拠が明確になります。

➡ P.88〜89

A3　B、C

要求は「〜したい」という視点で考えるのに対し、要件は「誰が」「何をするのか」という視点で考えます。このため、AとDは要件であり、BとCが要求であると考えられます。

➡ P.95、97

A4　B、C、D

ブレインストーミングでは質より量を求めるため、Aは不適切です。その他の選択肢は、いずれもブレインストーミングの正しい説明です。

➡ P.100〜101

A5　B

画面遷移図では、画面の遷移だけでなく、その画面に表示する主な項目や入力する項目などを合わせて書いておくことができます。このため、画面遷移図だけでどのような画面なのか判断できます。つまり、AやCは不正解です。

用語については、業務フロー図ではなく用語集を別途作成するため、Dも不正解です。

業務フロー図は、メールの送信など通常と異なる処理を登場人物や条件分岐なども含めて明示するために使われるため、Bが正解です。

→ P.104〜105

A6　C

状態遷移図は操作によって状態が変わる様子を図示したもので、全体像を理解するために使います。一方の状態遷移表は、抜けや漏れを防止するために表形式で作成します。

→ P.106〜107

A7　①ログイン中　②退職済　③ログアウト済　④退職済

状態遷移図に基づき、それぞれの操作を実行したあとの状態を調べます。①であれば、「未ログイン」の状態から「ログイン」操作を行ったあとの状態を調べればよく、「ログイン中」の状態になることがわかります。ほかについても同様に調べると、上記のようになります。

→ P.106〜107

4日目

設計工程の概要と
ポイントを知る

4日目

1 設計工程の概要

- ☐ 基本設計、詳細設計とは
- ☐ 基本設計と詳細設計の対象
- ☐ UML を使用した文書の作成

1-1　基本設計、詳細設計とは

POINT

- ・ 設計の工程では、開発するシステムの機能の中身を考える
- ・ 基本設計と詳細設計は利用者視点と開発者視点にそれぞれ対応する

◎ 設計とは

　要件定義が終わったら、その内容をどうやって実現するかを考えます。これを設計といい、システムの細かな仕様を固める段階だといえます。3日目では、要求分析で Want、要件定義で Do を考えると説明しました。設計では How を考えるといわれます。

　たとえば、3日目で社内の蔵書管理システムの画面を考えたとき、要件定義の段階では、どんな画面を作り、それがどう遷移するかを決めました。一方、設計の段階では、その画面の中にどのような項目があり、その項目にはどのような値が格納され、どのように処理するのか、といった各機能の中身まで考えます。

　機能の中身を考えるには、システム開発の知識があるベンダーの力が必要です。ただし、ベンダーはシステム開発のプロですが、システムを導入しようとしている業務のプロではないため、どのような項目にどんな値が入力されるのかを詳し

く知っているわけではありません。つまり、設計の段階でも発注者がベンダーと一緒になって検討することが大切なのです。

　ベンダーのみならず発注者にも設計に関する基礎的な知識があれば、発注者とベンダーのそうした協力が効果的かつ円滑になり、発注者が開発の進捗状況を正確に把握することにつながります。システムの完成度が高まることも期待できるでしょう。

◉ 設計の工程は 2 つに分けられる

　設計は、大きく**基本設計（外部設計）**と**詳細設計（内部設計）**の 2 つの工程に分けられます。

　基本設計は、外部設計という名前も使われるように、**システムを外側から見たときの動作**を設計します。たとえば、利用者の視点から見た画面イメージや帳票、他のシステムとのやりとりなどを決定します。

　詳細設計は、内部設計という名前も使われるように、**システムの内部の動作**を設計します。たとえば、開発者の視点から、プログラムやデータベースの構成などを考えます。これらについては、発注者は詳しく知っておく必要はありません。

　つまり、発注者は外部設計にだけ関わればよく、内部設計についてはベンダーに任せることになります。設計の工程で作成する資料を**設計書**といいますが、これには発注者が確認するための**基本設計書（外部設計書）**と、ベンダーが使う**詳細設計書（内部設計書）**があるのです。

　設計を基本設計と詳細設計の 2 段階に分けるのは、このような視点の違いがあるためです。

● 基本設計と詳細設計の違い

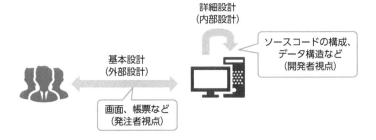

詳細設計
（内部設計）

ソースコードの構成、
データ構造など
（開発者視点）

基本設計
（外部設計）

画面、帳票など
（発注者視点）

 **基本設計と詳細設計の対象**

POINT

・ システムは、「入力→処理→出力」という構成に整理できる

🔵 基本設計の対象は「入力」と「出力」

　前述したとおり、設計の工程は基本設計と詳細設計に分けることができ、前者は利用者視点に、後者は開発者視点に対応しています。この視点の違いはそのまま、基本設計と詳細設計のそれぞれの対象を指し示しています。

　システムはどんなものでも「入力→処理→出力」という構成で整理できます。「入力」は人などがコンピュータに与えるもの、「出力」はコンピュータが人などに与えるものです。コンピュータという箱に対して、何かを入れて、何か結果をもらうとイメージするとよいでしょう。

　私たちの身近にあるもので考えると、たとえば炊飯器であれば、水と米を入力するとご飯が出力されます。テレビであれば、リモコンのボタンでチャンネル番号を入力すると、映像が出力されます。

● 入力と出力、処理の関係

　本書のテーマであるシステムも同じです。消費税の計算であれば、税抜の金額を入力すると、消費税の金額が出力されます。Googleでの検索であれば、キーワードを入力すると、検索結果が一覧として出力されます。

● 消費税の計算や検索のシステムでの入力と出力、処理の関係

　一般の利用者は入力と出力だけがわかればよく、システムの内部でどんな処理が行われているかを知る必要はありません。何かを入れれば、それに合わせたものが出てくる便利な箱というイメージです。

　基本設計では、こういった利用者の視点に立ち、システムという箱に何を入力して何を出力させるのかを決めます。したがって、この工程で作成する資料（基本設計書）は利用者にもわかる内容でなければなりません。

◉ 詳細設計の対象は「処理」

　開発者の仕事は、前述の便利な箱の中身を作ることです。したがって、開発者視点に対応する詳細設計の対象は、「入力→処理→出力」のうちの「処理」だといえます。どんな入力が与えられたら、どんな出力を返すのかを踏まえ、システムの中で処理する内容を決めます。

　より具体的には、ソースコードの構成や、ライブラリ（5日目で解説）の使用、内部でのデータ構造など、処理を実装するために設計しておかなければならない項目はたくさん挙げられます。効率よく処理するためのアルゴリズム（5日目で解説）を検討したり、データを効率よく保存するためにデータベースの構成を設計したりすることも必要です。

　これらについての考えをまとめた文書を詳細設計書として作成し、続く開発・実装の工程で使えるようにしておきます。

 **UML を使用した文書の作成**

POINT

- 設計に使われる標準的な図の表記法として UML がある
- よく使われる UML の図として、これまでも紹介したアクティビティ図やユースケース図のほか、クラス図やシーケンス図がある

標準的な図の表記法——UML

　RFP や要件定義書などの文書を作成するときに、図がよく使われることを紹介してきました。図や表を使うことで、誰もが直感的に理解できるようになり、コミュニケーションを円滑に進められます。このため、設計工程の文書を作成するときにもよく使われます。

　ただしこのとき、図を描く発注者やベンダーの開発者が独自の表記法を使ってしまうと、それを読む相手は表記法のルールから学習しなければならず、余分な時間がかかってしまいます。

　システム開発は複数の人間が共同で行う作業なので、誤解や間違いが起きないように、意図を正確に伝える必要があります。このためには、発注者もベンダーの担当者もスムーズに理解できる図が求められます。

　このようなニーズを受けて登場したのが UML（Unified Modeling Language）です。日本語では「統一モデリング言語」と訳され、設計するときに標準的に使われるさまざまな図の表記法をまとめたものだと考えるとよいでしょう。1997 年に UML 1.0 が発表され、OMG（Object Management Group）という団体によって標準モデリング言語として採用されました。その後、UML はバージョンアップを重ね、執筆時点（2023 年 1 月）では UML 2.5.1 というバージョンが登場しています。

　細かくバージョンアップを繰り返していますが、それぞれの違いを意識する必要はほとんどありません。UML 2.0 以降では、13 種類の図が用意されていますが、実際に使われるのはその一部です。

● UML の図の種類

構造を表す図	
名前	表すもの
クラス図	クラスの属性や操作
コンポーネント図	システムの構成要素
複合構造図	クラスの内部構造
配置図	複数のマシンでの配置
オブジェクト図	オブジェクト間の関連
パッケージ図	パッケージ間の依存関係

行動（振る舞い）を表す図	
名前	表すもの
アクティビティ図	システムの流れや状態
コミュニケーション図	クラス間のメッセージ
相互作用概要図	システム間の処理の流れ
シーケンス図	システム内の処理の流れ
ステートマシン図	オブジェクトの状態
タイミング図	時系列での状態遷移
ユースケース図	利用者視点のイメージ

4日目

1 設計工程の概要

　3日目で紹介したアクティビティ図やユースケース図はUMLで定義されている図の1つです。また、ステートマシン図は、同様に3日目で紹介した状態遷移図によく似ており、基礎レベルの理解としては両者を同じものと捉えても差し支えありません。ここでは、設計書の作成によく使われる図として、構造を表す図と行動を表す図からいくつかを詳しく紹介します。

◉ クラス図とオブジェクト図

　1日目で解説したように、プログラムを開発するときはプログラミング言語を使います。そして、この章の後半で解説するように、プログラミング言語は「手続き型」や「オブジェクト指向」といった種類に分類されます。

　このUMLはオブジェクト指向のプログラミング言語で使われる図で、データと操作をひとまとめにして考えます。私たちの身の回りにあるものの多くは、何らかのデータ（属性）を持ち、操作に対して何らかの振る舞いをするというように捉えることができるのです。

　たとえば書籍であれば、タイトルや著者名、ISBN、価格などが属性に該当します。そして、購入する、読む、付箋をつける、本棚に入れる、といった操作（振る舞い）が考えられます。

　世の中には多くの書籍がありますが、いずれもこのような属性と振る舞いを持っています。このように同じ属性と振る舞いを持つものを「クラス」といいます。そして、それを図で表したものがクラス図です。

● クラス図の例

　システムを開発するときは、クラス図をもとにプログラミング言語を使ってクラスを作成し、そのクラスで実体を管理します。たとえば 3 日目で取り上げた蔵書管理システムでは、「ユーザー」や「書籍」、「棚」などはいずれもクラスとして捉えることができます。

　そして、その「ユーザー」クラスという抽象的なものから実際の個々の社員を表すものを、「書籍」クラスから 1 冊 1 冊の本を表すものを作ります。この個々の実体を表すもの（具体例）のことをインスタンス（オブジェクト）といいます。一般に、1 つのクラスに対して複数のインスタンスが作られます。

● クラスとインスタンスの関係

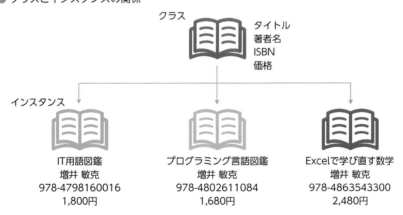

インスタンス同士の関係を表すものが**オブジェクト図**です。インスタンス図と呼ばれることもあります。たとえば、「山田 太郎」さんが「IT 用語図鑑」を借りているという状態は次のように表現できます。

● オブジェクト図の例

| 山田 太郎：ユーザー | 借りる | IT 用語図鑑：書籍 |

クラス図の表すものが抽象的で、具体的な内容や関係がわかりにくいという場合は、オブジェクト図もあわせて作成するとよいでしょう。

シーケンス図

クラス図やオブジェクト図はシステムを構成するクラスと、それらの関係を表現するためのものです。この図の中にそれぞれのクラスが持つ操作を記述しますが、その操作をどの処理がどのタイミングで呼び出すのかはクラス図やオブジェクト図を見ているだけではわかりません。

そこで、それぞれのクラスやインスタンスがどのようなやりとりをしてプログラムが動いていくのかを整理するためにシーケンス図を使います。シーケンス図は、処理を時系列に沿って並べた図で、ほかの処理を呼び出す部分を矢印で示します。

たとえば、ユーザーが本を借りて返却する処理を考えると、次のような図が描かれます。

● シーケンス図の例

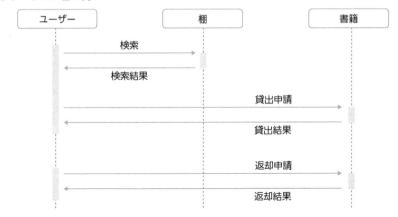

　このように、最上部にクラス（インスタンス）の名前を書き、縦方向に処理の時間的な順序を上から下に進むように表現することが特徴です。点線上にある四角形は、1つの処理が実行されている期間を意味します。

　これを見ると、シーケンス図はアクティビティ図と似ていると感じるかもしれません。アクティビティ図は業務の流れ（業務フロー）を表すのに対し、シーケンス図はオブジェクト間でのメッセージのやりとり（操作の呼び出し）を時系列に沿って表現します。

　このため、アクティビティ図は基本設計で、シーケンス図は詳細設計でよく使われます。

2 基本設計（外部設計）のポイント

- ☐ 基本設計とは
- ☐ 画面や帳票の設計
- ☐ バッチ処理のタイミングと処理順序の検討
- ☐ 他のシステムとの連携

2-1 基本設計とは

POINT

- ・ 基本設計ではシステムの構成のほか、画面や帳票、バッチ処理のタイミングや処理順序、データベースやファイルなどの設計、外部システムとの連携について考える

◉ 基本設計で考える項目

基本設計の対象は「入力→処理→出力」の「入力」と「出力」、つまりシステムの外側から見える動作です。考える項目としてよくあるものは次のとおりです。

● システムの構成

3日目で解説した蔵書管理システムは Web アプリとして開発することにしましたが、そのシステムは Web サーバー1台だけでは構成されません。データベースへのデータ保存のためにデータベースサーバーを導入したり、負荷分散のために複数の Web サーバーや負荷分散装置を導入したりします。

このようなシステムの構成を図にしておくと、システム障害が発生したときに、どこに原因があったのかを発注者に説明できます。

● 画面や帳票

　要件定義では画面遷移図を作成しましたが、個々の画面の詳細なイメージは描いていません。また、印刷が必要な帳票についても、どのようなレイアウトで作成するのかを決めていません。

　このため、画面や帳票における必要項目の優先順位や、使い勝手を考慮した配置などを検討し、実際のシステムの見た目を示す資料を作成します。

● バッチ処理のタイミングや処理順序

　要件定義ではイベントの発生についても検討しました。利用者がボタンを押した、キーボードから入力した、外部のプログラムから呼び出された、指定した時刻になった、などのイベントに応じて、さまざまな処理が実行されます。

　そのうち、特に「指定した時刻になった」ときの処理には、バッチ処理が採用されます。バッチ処理は利用者が操作するのではなく、一定量のデータを溜め込んだあとでの一括処理に使われます。バッチ処理の中身は開発・実装の一環として作り込まれますが、実行されるタイミングや、バッチ処理が複数の細かい処理で構成されている場合の実行順序は、基本設計の段階で詳しく決めていきます。

● 保存するデータの扱いや項目の制限

　画面や帳票が決まれば保存する項目が決まります。データベースに保存するのか、ファイルに保存するのかを考えるだけでなく、項目ごとに保存できる文字数や容量などの制限、データにアクセスできる権限なども決めていきます。

● 他のシステムとの連携

　あるシステムが人事システムから名前や部署名を取得するなど、他のシステムとの連携が要件とされることがあります。その連携方法を決めていきます。

　こういったことについて考えた結果は、基本設計書として文書にまとめます。

　このように、多くの項目を考える必要がありますが、この節では、これらの中でも特に基本的な、画面や帳票の設計、バッチ処理のタイミングや処理順序、他のシステムとの連携についてもう少し詳しく解説します。

2-2 画面や帳票の設計

POINT

- 外部設計では画面と帳票の詳細イメージを描く
- 画面と帳票では入力の有無やレイアウトの制限などの違いがある
- 一覧画面は全件表示、一部表示、ページングのどれが適しているかを考えて設計する
- 入力画面についてはどのような制限が必要かを検討する

画面の詳細イメージを描く

　システムを外部から見たとき、そのシステムの内容を説明するうえで利用者にとっても開発者にとってもわかりやすいのが画面です。画面にどのようなデータを表示するかが決まると、その裏側でどのようなデータを保持する必要があるのかが見えてきます。

　よって、まずは画面の詳細イメージを描きます。見栄えのよいデザインを作ろうとするとそれなりにコストがかかりますが、項目を洗い出して並べるだけであれば手軽でしょう。要件定義で提示された画面遷移をもとに、それぞれの画面にどのような項目を表示するのかを考えます。

　たとえば、蔵書管理システムで書籍を検索し、その結果の中から特定の1冊を選択してその情報を表示する画面を考えてみましょう。この場合、表示する画面は検索画面と詳細画面に分けられます。

　検索画面では検索条件としてどのような項目を入力するのかを考えます。そして、検索ボタンを押したあとに、その検索結果の一覧としてどのような項目を表示するのかを考えます。

　検索結果には複数の書籍が表示されます。書籍に関するすべての項目を表示する必要はなく、概要だけを一覧の形で表示し、詳細画面では選択した1冊の内容について細かく表示します。

　このときに入力する項目、表示する項目として代表的なものを並べると、次の図のような画面が考えられます。

4日目

● 書籍情報を表示する画面の例

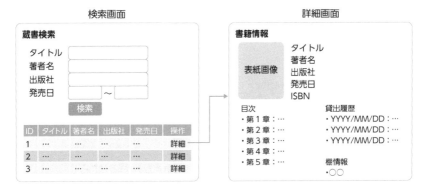

　要件定義の段階では画面に表示する細かな項目まであまり意識する必要はありませんが、設計の段階では、どのような項目を表示するのか、何を入力するのかといったことを細部まで考えて画面の詳細イメージを描きます。

　この基本設計の段階で、システムとして必要な項目に漏れがないように注意します。もちろん、あとで仕様変更が発生する可能性はありますが、あとから項目を追加しようと思っても、必要なデータが保存されていないと表示できません。このため、必要な項目を基本設計の段階で可能な限り明確に定めておきます。

◎ 帳票の詳細イメージを描く

　画面と合わせて帳票の出力内容とレイアウトも検討します。帳票は印刷して使うものを指すことが多く、定期的な報告書や、顧客に送付する案内状、法律上印刷して保存することが義務付けられている文書などさまざまな種類が存在します。ペーパーレス化が進み、電子帳票と呼ばれる帳票も登場していますが、どちらにしてもレイアウトに細かい規定があることが一般的です。

　帳票は、利用者が印刷ボタンを押したり、システムが自動的に出力したりすることにより、紙に印刷されたり PDF として作成されたりします。画面とは異なり、利用者からの入力などの操作は受け付けません。

　入力する項目や操作がないため、考えることが少なくてよいと思うかもしれませんが、用紙には決められたサイズがありますので、その用紙の大きさに収まるようにバランスを考えて出力する必要があります。文字が小さすぎても読めない

ため、多くの情報を1枚に印刷しようとすると、レイアウトを工夫しないと入らない可能性があります。

　帳票は運用を開始したあとの仕様変更が難しいのも特徴です。画面であれば項目を追加するのは比較的容易ですが、印刷する資料の場合は簡単ではありません。過去の資料との整合性が求められるため、仕様変更のハードルは高いものです。これを意識して設計する必要があります。

　たとえば、蔵書管理システムで毎月の貸出状況を報告する帳票を出力する場合を考えてみましょう。

● 報告書の帳票

帳票ID：xxx-001		xx月度貸出状況報告書				2022/12/01	
利用者	前月まで		当月		合計	
	貸出冊数	返却冊数	貸出冊数	返却冊数	貸出冊数	返却冊数
山田 太郎	25	22	3	2	28	24
鈴木 花子	18	18	4	4	22	22
佐藤 次郎	15	16	6	3	21	19
…	…	…	…	…	…	…

- 1ページ/20ページ -

　図のような帳票のレイアウトを考えることで、文字数の上限や数値の桁数、データの並び順を意識できます。また、見出しに「xx月度」とあれば月単位で出力されることがわかるように出力タイミングも意識できます。帳票の設計がひととおりできたら、発注者側の実務担当者だけでなく、その帳票の提出先などにも確認してもらえると、仕様変更の可能性を低くできます。

🔘 一覧画面の表示方法を考える

　企業のシステムでは、ユーザーの一覧や商品の一覧など、多くのデータを一覧にして表示する画面を数多く作成します。検索条件を入力し、その検索条件に一致するデータを表示することもあります。このとき、一覧を表示する方法として、

「全件表示」「一部表示」「ページング」の 3 つが考えられます。

　全件表示は、検索結果をすべて 1 ページにまとめて表示する方法です。画面を縦にスクロールすれば、すべてのデータを確認できますが、Web サーバーなどからデータをすべて取得するのは時間がかかります。検索条件を指定しても、その条件によってはデータベースに格納されているすべてのデータが表示されます。このため、全件表示を選択するときは、メモリの大きさや通信容量などを考慮して、表示されるデータ量を許容できるかを検討します。

　一部表示は検索結果の一部をページ内に表示する方法です。たとえば、表示する上限の件数を 100 件と決め、それを超える件数が検索結果として得られたときは、利用者に条件を追加して絞り込んでもらいます。検索結果の件数が多くなる検索条件を利用者が指定しても、全件表示のようにメモリ不足などを考慮する必要がないことが特徴です。

　ページングは 1 ページあたりに表示する件数を設定して、その件数ずつ取得する方法です。検索結果の件数が 1 ページの件数を超えた場合は、「次のページ」といったボタンを押して、次のデータを取得します。データの全体を見るのに時間がかかりますが、検索エンジンなどではよく使われています。

　それぞれの一覧をどういう順番で表示するかについても考えておきます。たとえば、ユーザーの一覧画面であれば部署順に並べたり、名前の五十音順に並べたりすることが考えられます。もし名前の五十音順にする必要があれば、名前は漢字だけでなくふりがなの項目も保持しておく必要がありますし、登録日時の順に並べるなら登録時にその時刻を記録しておく必要があります。このように並べ替えを意識すると、表示する項目以外に保持すべき項目が見えてきます。

◎ データの制限を考える

　画面や帳票に表示する項目が決まれば、それぞれの項目を利用者が入力する場面を考えます。ここで検討するのは、各項目に入力できる値の制限です。

　たとえば、文字数の制限が挙げられます。データベースに保存することを考えると、あまりに長い文章が保存されると検索などの効率が悪くなります。帳票を作成するときも、長い文章が保存されていてはすべてを記載できません。そこで、項目ごとに最大の文字数を設定しておきます。蔵書管理システムであれば、本のタイトルや著者名、出版社名などに入力できる文字数に一定の制限をかけます。

また、入力できるデータの種類を絞ることで、検索の効率を高めることができます。たとえば、発売日の項目には日付しか格納できないようにしておけば、特定の期間に発売された本の検索が可能になります。もちろん、自由に文字を格納できるように設定することもできますが、そうすると西暦や和暦が混在してしまう可能性がありますし、発売日の欄に著者名など誤った情報が入力される可能性もあります。入力するデータを制限すれば、これらを防ぐことができます。

本のジャンルを入力するような場合は、ジャンルの一覧から選択させる方法が考えられます。この場合、あらかじめ各ジャンルに番号を付与しておき、システム内部ではその番号をデータとして保存するといったことが行われます。このとき、単一のジャンルしか選べないのか、チェックボックスなどで複数のジャンルを選べるようにするのかなども検討します。

◉ エラー画面を考える

入力内容にエラーがあったときに、どのような表現で画面に出力するのかを考えてみましょう。たとえば、社員が蔵書管理システムにユーザー登録をする画面で、次のエラーメッセージが出たとします。

● 不親切なエラーメッセージの例

確かに、エラーの内容としては文字数が超過しているのかもしれません。しかしこれでは、登録しようとしている社員はどの項目を何文字以内で入力すればいいのかわかりません。

次のようなエラーメッセージにすれば、どの項目を何文字以内にすればいいの

かがわかるでしょう。

● 親切なエラーメッセージの例

このように、エラーメッセージは解決方法を表示して再入力を求める形にするのが一般的です。

もちろん、上のような文字数の制限であれば、Web アプリやスマホアプリでは、登録するボタンを押してからチェックするのではなく、それぞれの項目を入力し終えた段階でチェックするほうが親切です。

しかし、宿泊予約システムで希望の日程に空きがあれば予約したり、ショッピングサイトで在庫があれば購入したりするような場合は、送信ボタンを押さないと成否を把握できません。このように、入力された内容に対してエラーチェックをするタイミングも検討しておくとよいでしょう。

利用者の操作に対して、一覧や詳細の画面を出力するときの正常動作と異常動作についても考えてみましょう。たとえば、検索結果の一覧を表示する画面を想定します。このとき、検索結果としてヒットしたデータがあればそれを一覧にして表示しますが、0 件であればどのように表示すればよいでしょうか？

何も表示しないというのも 1 つの方法ですが、その場合は、何らかのエラーが起きたのか、検索結果が 0 件だったのかが利用者にはわかりません。どちらであるのかを明らかにするために、エラーであればエラーメッセージを、検索結果が 0 件であればその旨を表示します。

2-3 バッチ処理のタイミングと処理順序の検討

POINT

- 大量のデータを扱うときはバッチ処理を使う
- バッチ処理の起動タイミングには、手動だけでなくタイマーによる自動実行もある
- 他のプログラムが正常に終了したときだけ実行したい場合は、実行条件を指定する
- 想定より長時間実行が続くことに備えて制限時間を設定する

オンライン処理とバッチ処理

　一般的な Web アプリでは、利用者から画面に入力があった時点で保存や集計といった処理を行います。このようにリアルタイムで処理することをオンライン処理といいます。扱うデータ量が少なければ、リアルタイムで 1 件ずつ処理しても短時間で応答できます。

　一方で、大量のデータを扱う場合は、1 件ずつ処理していると大変です。たとえば、会員登録されている利用者全員にメールを送信する場面を考えてみましょう。登録されているデータが 100 件程度であれば、その中から送信先のデータを抽出してメールを送信することはオンライン処理でもできるかもしれません。しかし、登録されているデータが多くなると、何らかの条件を指定して抽出するだけでも大変です。

　そして、メールの送信が完了した宛先のデータについて、メールをいつ送信したのか、その内容と合わせて記録・更新することを考えると、送信処理に長い時間がかかることも予想されます。

　送信ボタンを押した利用者は、そのプログラムが正常に終わるかどうかを確認するために画面の前で待っていることになりますし、そのプログラムの実行中にほかの人が何らかの情報を更新すると、送信ボタンを押したときとは宛先の情報が一致しない状況も発生するかもしれません。

　そこで、時間がかかりそうな場合に、一定量のデータをまとめて処理すること

4
日目

2

基本設計（外部設計）のポイント

135

があります。これを バッチ処理 といいます。たとえば、利用者は日中にデータを登録・更新するものとし、夜間は利用者の操作を受け付けないようにします。そして、夜間には日中に登録されたデータに基づいて、メールの送信や印刷といった処理に時間がかかるプログラムをバッチ処理として実行します。

　これにより、プログラムを実行している途中でデータが変わる可能性も排除できますし、実行結果を利用者が待つ必要もなくなります。

◎ 時刻を指定して実行する

　新システムへのデータ移行などの 1 回限りのバッチ処理であれば、システム担当者がキーボードからコマンドを入力して、バッチ処理のプログラムを実行する方法もあります。決まった時刻に実行する必要がなく、日中に実行しても問題なければ、システム担当者が実行することもあるでしょう。

　しかし、毎日同じ時刻にバッチ処理を実行するのであれば、タイマーで時刻を指定して実行するのがよいでしょう。UNIX 系の OS であれば cron というソフトウェアを、Windows であればタスクスケジューラを使います。こういったソフトウェアを使うと、1 分ごと、1 時間ごと、1 日ごとのように、定期的にバッチ処理を自動実行できます。

　当日に入力されたデータを集計するようなプログラムであれば、実行する時間帯を間違えて集計対象の日付が変わってしまうと、欲しい結果が得られない可能性があります。そういった機能を開発する際には、設計段階でどのようなタイミングで実行するのかをシステムを使う業務の実態に照らして整理しておきます。

◎ 実行条件を設定する

　プログラムを自動で実行するときには、指定した時刻になったら実行するだけでなく、ほかのプログラムが正常に終了したら実行したい場合もあります。たとえば、会員登録されている利用者から何らかの条件で対象者を抽出してメールを送信する処理を考えます。このとき、利用者を抽出するプログラムと、メールを送信するプログラムに分けて作成したとしましょう。利用者を抽出するプログラムでは、抽出された利用者の一覧をファイルとして作成します。そして、メールを送信するプログラムではそのファイルを読み込んでメールを送信します。

このように、あるプログラムでファイルを作成し、次のプログラムでそのファイルを入力として処理したい場合、前のプログラムが終わっていないと入力のファイルが作成されていません。つまり、この例では、抽出された利用者の一覧のファイルがないと、メールを送信するプログラムを実行しても意味がないのです。

このように、時刻の指定だけでなく、「ほかのプログラムの正常終了」のように、指定された処理を実行の条件とすることを実行条件（前提条件）といいます。なお、同じタイミングで複数のプログラムが実行されるように設定することもあります。

これらの処理順序を整理するために、文章ではなく図を描くことがあります。たとえば、フローチャートや、2日目で紹介した PERT 図が挙げられます。これらの図は、先行条件と実行順序をわかりやすく表現するために一般的に使われるもので、処理と処理の間に矢印を描いてプログラムの実行条件を表します。このような図の表記法を使って処理の流れを表現した図をジョブフロー図といいます。

● プログラムの実行条件を表すジョブフロー図

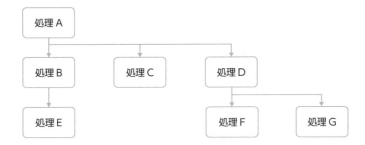

制限時間を設定する

バッチ処理はある程度の時間がかかるため、その間は利用者の操作を止めています。バッチ処理が終わらないと利用者が操作できるようにならないため、その時間が長くなると、利用者から不満が出るかもしれません。つまり、開発時にはシステムの停止時間を最低限に抑える設計が求められます。

システムをリリースした当初はデータ件数が少ないため比較的短時間でバッチ処理が終わりますが、運用していく中でデータ量が増えるとプログラムの実行に

かかる時間は長くなります。たとえば、夜間のバッチ処理のためにいつも 22 時から 6 時まで利用者の操作を停止していたとします。しかし、運用を続けているうちにバッチ処理にかかる時間が長くなり、6 時を過ぎても終わらなくなってしまう場合があります。

　何らかのトラブルによってこういった状況が発生することを避けるために、プログラムの実行時間には制限を設定することがあります。想定よりも実行時間が長くなると、異常な状態が発生したと判断して、システム担当者がバッチ処理をいったん停止するのです。そして、その原因を調査してバッチ処理を再開するなどの対応が実施されます。このため、6 時までに終わらないといけない場合には、担当者が対応する時間的な余裕を持って、たとえば朝 4 時の時点でプログラムの実行が終わっていないと処理を強制的に停止するといった対応が考えられます。

　トラブルではなく、恒常的にプログラムの実行が長時間になる場合には、アルゴリズムを工夫して処理時間を短縮します。設計の段階では、夜間のバッチ処理のために許容されている利用者の操作の停止時間を検討し、その範囲内でバッチ処理が終わるのかを判定するために、CPU の性能やメモリの容量、扱うデータの見込み件数などをもとに所要時間を見積もることも必要となります。

◎ 異常終了への対応

　バッチ処理は何らかの原因により途中で異常終了する可能性があります。たとえば、日中に入力されたデータから報告書などのファイルを作成するプログラムがあったとします。このとき、作成した報告書を保存するハードディスクの容量が足りなくなると、プログラムは異常終了します。また、入力されたデータに不適切な値が入っていて報告書を作成できない、データ量が多すぎてメモリ不足が発生するなど、さまざまな原因で異常終了は発生します。

　このとき、一部のデータだけが処理され、ほかのデータが処理されないと、データの不整合が発生します。報告書ファイルの作成プログラムの例でいえば、プログラムが途中で異常終了したために一部の報告書だけが作成され、残りの報告書が作成されていないと、作成された報告書とほかの資料との間で不整合が発生することがあります。たとえば、次の図のように「当日の問い合わせ対応の記録」のデータから報告書を作成・出力するプログラムと、問い合わせ件数などの統計情報を集計・出力するプログラムがあったとします。このとき、報告書を作成す

るプログラムで異常終了が発生すると、「当日の問い合わせ対応の記録」よりも少ない件数分しか報告書が作成されません。しかし、件数などを集計するプログラムは正常終了し、当日に対応した件数が出力されると、出力された報告書と集計結果の間で件数が一致しないという不整合が起こりえます。

● 異常終了によって発生する不整合の例

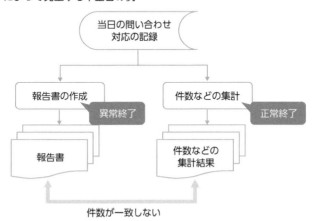

件数が一致しない

また、異常終了したときに、バッチ処理を再実行すると、先に作成された報告書が残ったまま新しい報告書が再作成されてしまい、作成されたもののどちらが正しい報告書なのかわからなくなるかもしれません。

そこで、プログラムが途中で異常終了したときには、それまでに作成した報告書は自動的に削除し、再実行したときに新たに報告書が作成されるようにします。

 # 他のシステムとの連携

🔦 POINT

- 新しいシステムと他のシステムとの連携には、さまざまな方法が
  ある
- 他のシステムに API が用意されていれば、それを使う方法がある
- 他のシステムのために API を用意することも検討する

複数のシステム間の連携

　新しく開発したシステムと他のシステムとでデータを連携したい場合がありま
す。たとえば、人事システムにある社員データを蔵書管理システムに登録したい、
蔵書管理システムで借りた冊数を人事システムに反映したい、などです。

　このように他のシステムで出力されるデータを取り込んで何らかのプログラム
を実行したり、新しいシステムで作成したデータを出力して他のシステムに反映
したりといった使い方を考えます。このとき、次のような連携方法があります。

- **相手のシステムが用意している窓口を利用する**
  他のシステムからプログラムで操作できる窓口を用意しているシステムがあり
  ます。この窓口は **API**（Application Programming Interface）と呼ばれてお
  り、プログラムがこの窓口にアクセスすることで、他のシステムと新しいシス
  テムの間での自動的なデータの連携を可能にします。
- **システムからデータを出力し、変換したデータを登録する**
  登録されているデータを CSV 形式[※1] などで出力（エクスポート）できる機能が
  用意されているシステムもあります。相手のシステムからどのような項目が出
  力されるのかを把握し、その中から必要な項目を取り込むためのプログラムを
  作成します。このような複数のシステムを連携する業務に関わる担当者はこの
  プログラムを実行することで、他のシステムから出力されたデータを新しいシ
  ステムに取り込むことができます。

※ 1　表形式のデータをカンマで区切って保存するデータ形式。テキスト形式であるため、プログラムで
　　　読み書きするのが容易である。

● 他のシステムに登録されているデータを移行したい担当者が入力する

　移行するデータが少ないときに使われる方法です。CSV での出力などの機能が用意されていないシステムからデータを移行するためには、移行先のシステムにおいて 1 件ずつキーボードで入力します。

　CSV 形式でエクスポートしたデータは、プログラムさえ作成すれば担当者がボタンを押して取り込むだけなので、ここでは説明を割愛します。また、担当者がキーボードで入力する方法は、システム開発の負荷が小さいものの、担当者の手間や時間がかかるだけでなく、誤入力の可能性があります。

　そこで、この節では API を使ってシステム間を連携する方法について解説します。API は、指定された形式で呼び出すとそれに応答する形でデータを返すしくみです。

　API を使ってシステム間を連携する方法として、他のシステムの API を呼び出す方法と、自分のシステムに API を用意して他のシステムから呼び出してもらう方法があります。

◎ API を呼び出す

　まずは他のシステムに用意されている API を呼び出す方法です。この場合は、連携しようとしている他のシステムがすでにデータを連携する機能を用意している必要があります。

　たとえば人事システムに、指定した部署に所属する社員の一覧を返す API が用意されていれば、部署名を指定して API を呼び出すだけで社員の一覧を他のシステムからでも利用できます。

参考

マッシュアップ

複数のサービスで提供されている API を組み合わせて新しいサービスを作ることをマッシュアップといいます。たとえば、指定された位置の地図を表示するだけでなく、その場所の天気も合わせて表示できると便利です。このようなアプリが、地図アプリの API と天気アプリの API を組み合わせるだけで作れるのです。

参考

既存のシステムの拡張について

新しい機能を得たい場合、自社開発したシステムがあるなら、新しいシステムを開発するのではなく、その既存システムの機能を拡張するという方法も考えられます。システムを拡張するのであれば、1つのシステムにデータがあるため、連携などを考える必要がなくなります。しかし、あるシステムをまったく目的が違う他のシステムに統合してしまうのは適切だといえません。たとえば人事システムの中に蔵書管理システムを入れると、確かに人事情報と連携できますが、本来の人事システムには不要な機能です。

また、他社が開発した既製のシステムの場合は、それを変更することはできないため、その機能を拡張するという方法は選べません。

● API を用意する

他のシステムの API を利用するだけでなく、他のシステムのために API を用意することも考えておきます。

たとえば、蔵書管理システムに登録されている蔵書を他のシステムからでも検索できるように API を作成しておきます。すると、他のシステムがこの API を利用することにより、便利な機能を簡単に実現できます。

API を用意する場合は、ほかの開発者のために API の仕様を作成し、公開します。たとえば、後掲のような表を用意しておくと、ほかの開発者が何を用意すればよいのかわかりやすくなります。API でやりとりする項目を決めるため、基本設計において、最終的にはこのような表を基本設計書に記載します。

この表に API の中身は書かれていません。API（Application Programming Interface）はあくまでもインターフェイスなので、そのプログラムの中身を公開する必要はありません。他のシステムがこの API を指定されたインターフェイスの形式で呼び出したときに、それに応答する形でデータを返せばよいのです。

後掲の表は、「リクエスト URL」に記載した URL に対して、POST と呼ばれる方法で API が呼び出されたとき、どのようなデータをやりとりするのかを表しています。この「リクエストパラメータ」の部分が API に送信する項目で、「レスポンスパラメータ」の部分が API から返ってくる項目です。

それぞれの項目には型と呼ばれるデータの種類が決められており、integer であれば整数、string であれば文字列を表します。つまり、書籍の ID は整数で、書名や著者名、出版社名などは文字列でやりとりされます。

● API のインターフェイス仕様の例

リクエスト URL	https://www.example.com/api/books
メソッド	POST

リクエストパラメータ

パラメータ	型	説明
id	integer	（任意）書籍の ID
title	string	（任意）書名の一部
author	string	（任意）著者名の一部
publisher	string	（任意）出版社名の一部

レスポンスパラメータ

パラメータ	型	説明
id	integer	書籍の ID
title	string	書名
author	string	著者名
publisher	string	出版社名

参考

Web API と OpenAPI

ある Web サービスを利用する新たなプログラムを第三者のプログラマが開発できるように、その Web サービスの提供者が提供する API を **Web API** と呼びます。Web API には、世界標準のインターフェイス仕様として「**OpenAPI**」があります。

OpenAPI では、仕様を書くためのエディタや、ドキュメントを生成するツール、API 仕様からコードを生成するツールなどが、Swagger[2] と呼ばれるサービスとして用意されています。インターネットで API を提供する場合には、このようなツールを使って仕様を公開すると、利便性が向上し、利用されやすくなります。

※ 2　https://swagger.io

4
日目

2

基本設計（外部設計）のポイント

3 詳細設計（内部設計）のポイント

☐ 詳細設計とは
☐ データベースの設計
☐ プログラムの設計

3-1 詳細設計とは

 POINT

・ 詳細設計ではデータベースやプログラムの設計を考える

◉ 詳細設計で考える項目

詳細設計では、「入力→処理→出力」の「処理」の部分、つまりシステム内部の動作を設計することを考えます。考える項目はシステムによってさまざまですが、よくあるものとしては次のような項目が挙げられます。

● **データベース**
基本設計で画面や帳票の詳細イメージを作成したことから、保存する必要があるデータが決まりました。詳細設計では、それをデータベースに格納するときに、どのような構成が最適なのかを考えます。

● **プログラム**
プログラムを開発するときは、どのプログラミング言語を選ぶのか、という選択から始まります。ほかにも、プログラマがプログラムを実装するために設計段階で検討すべき項目はたくさんありますので、可能な限り具体的に考えます。

こういったことについて考えた結果は、詳細設計書として文書にまとめます。

データベースの設計

POINT

- テーブルの構成は ER 図を作成して表現する
- データベースに格納するデータは型や制約で制限をかける
- インデックスを作成すると、大量のデータがあっても高速に検索できる
- 正規化することで効率よくデータを格納できる

● データベースの構成を考える

外部設計によって画面や帳票で使われる項目がわかったら、その項目のデータベースへの保存を設計します。一般に、データベースには次の表のような、さまざまな種類があります。

● データベースの種類

種類	特徴
リレーショナルデータベース	表計算ソフトのように表形式でデータを格納し、複数の表を特定の列で紐づける
階層型データベース	会社の組織図やパソコンのフォルダのように親子関係でデータを表す
ネットワーク型データベース	ファイルとファイルをリンクさせるように、網の目のように複数のデータをつなげる

企業の基幹系システムでは、行や列の単位でデータを操作でき、柔軟な取り扱いが可能なことから、リレーショナルデータベース（関係データベース）がよく使われます。リレーショナルデータベースを扱える代表的なソフトウェアとして、Oracle や SQL Server、MySQL、PostgreSQL などがあります。

リレーショナルデータベースでは、表計算ソフトでのシートのように、行と列で構成されるテーブル（表）でデータを管理します。そして、1 つのデータベースの中に複数のテーブルを作成できます。

　たとえば蔵書管理システムのデータベースであれば、ユーザーの情報は users テーブル、蔵書の情報は books テーブル、貸出状況の情報は lendings テーブルというように、複数のテーブルに格納します。

● データベースとテーブル

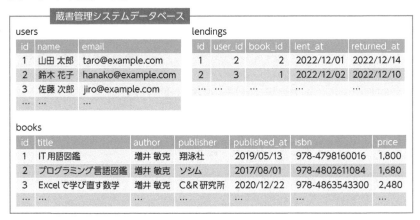

　そして、それぞれのテーブルを特定の列で関連づけて管理します。このため、テーブルにはデータを一意[3] に識別するための列を指定します。このように、一意の値を持つ項目を**主キー**といいます。上記のデータベースでは、それぞれのテーブルにある「id」という項目が主キーです。そして、lendings テーブルには「user_id」や「book_id」という項目があります。つまり、user_id が users テーブルの id と、book_id が books テーブルの id と関連づけられています。

　これは、次の図のようなテーブル間の関係があると考えられます。このような図を **ER 図**といいます。基本設計で簡易版の ER 図を作成することもありますが、詳細設計ではどのような項目を保持するのかを含めて検討します。

※ 3　複数のデータの中から 1 つだけに特定できること。

● ER図

ER図には、IE記法やIDEF1X記法などさまざまな書き方がありますが、標準規格が明確に決められているわけではありません。一般的には、それぞれのテーブルを線で結んで関係を表現します。1対多の関係があるときは、上の図のように枝分かれした線で表現します。

複数のテーブルを関連づける

それぞれのデータが複数のテーブルに分かれていても、ほかのテーブルにおけるIDを保持しておくことで、必要なデータを取得できるようになっています。たとえば、lendingsテーブルのidが「2」の行は、user_id列に「3」という値が、book_id列に「1」という値が格納されていますので、usersテーブルのidが3である「佐藤次郎」という社員が借りたことがわかります。また、booksテーブルのidが1である「IT用語図鑑」という本を借りたこともわかります。このように、lendingsテーブルからたどって貸出状況を調べることで、誰がどの本を借りたのかを判断できるのです。

● 具体的なデータの例

users

id	name	email
1	山田 太郎	taro@example.com
2	鈴木 花子	hanako@example.com
3	佐藤 次郎	jiro@example.com
…	…	…

lendings

id	user_id	book_id	lent_at	returned_at
1	2	2	2022/12/01	2022/12/14
2	3	1	2022/12/02	2022/12/10
…	…	…	…	…

books

id	title	author	publisher	published_at	isbn	price
1	IT用語図鑑	増井 敏克	翔泳社	2019/05/13	978-4798160016	1,800
2	プログラミング言語図鑑	増井 敏克	ソシム	2017/08/01	978-4802611084	1,680
3	Excelで学び直す数学	増井 敏克	C&R研究所	2020/12/22	978-4863543300	2,480
…	…	…	…	…	…	…

しかし、このテーブル構成には問題があります。たとえば、ユーザーが退職したとします。退職したときに users テーブルからユーザーを削除すると、貸出状況に格納されている user_id に対応するユーザーが users テーブルに存在しない状況が発生します。つまり、誰が借りていたのかわからなくなるのです。

また、蔵書が古くなって廃棄するときには、books テーブルから削除することになります。この場合も、貸出状況のテーブルには過去に貸し出された本も貸出履歴がわかるように格納されているため、book_id に対応する本が books テーブルに存在しなくなってしまうと、どの本が貸し出されたのかわからないという不整合が生じます。

そこで、不整合を発生させないために lendings テーブルからも削除してしまおうと考えるかもしれません。しかし、そうすると貸出の履歴そのものがなくなってしまいます。

これに対応するために、**論理削除**という方法がよく使われます。テーブルに「削除フラグ」のような項目を用意し、通常のデータは「0」、不要になったデータは「1」という値をセットします。そして、削除フラグに「1」というデータが格納されているデータは、削除されたものとして扱います。

● 削除フラグを追加した例

削除フラグを導入することで、データが物理的に削除されなくなるため、廃棄した蔵書も含めてすべての情報がテーブルに残ります。これにより、普段は現有蔵書の情報だけを利用者に見せつつ、必要なときには廃棄済みの蔵書の情報を表示できます。

このように論理削除は便利な方法ですが、テーブルからデータが削除されず、データが蓄積される一方になるため、データベースの処理速度に影響する可能性があります。また、論理削除を行うと処理が複雑になるため、不要になったデー

タは物理削除し、削除したデータを別のテーブルにバックアップする方法が使われることもあります。

データベースに格納される値を制限する

　テーブルで表形式のデータを扱うだけなら、Excelのような表計算ソフトを使う方法もあります。しかし、表計算ソフトでは簡単に項目を追加したり、不正なデータを格納したりできてしまいます。たとえば、日付の項目に名前を入れたとしても、問題なく保存できてしまうのです。

　データベースの場合は、表計算ソフトのように項目を簡単に追加できず、事前に項目を決めておく必要があるため不便ですが、項目ごとに格納できるデータを制限できるため、不正なデータが格納されることを防げます。

　これを実現しているのが、データベースに備えられている型（データ型）というしくみです。たとえば、蔵書の情報を管理するbooksテーブルでは、それぞれの項目の型を次の表のように設定することが考えられます。

● booksテーブルでのデータ型

項目	型	備考
id	INT(11)	主キー制約
title	VARCHAR(50)	NOT NULL 制約
author	VARCHAR(30)	
publisher	VARCHAR(30)	
publish_at	DATE	
isbn	VARCHAR(14)	
price	INT(11)	
delete_flag	INT(1)	

　この表の「型」の列に指定されている「INT」はIntegerの略であり、整数を意味します。つまり、INTと記載されている項目には整数の値だけを格納でき、アルファベットなどの文字を格納しようとするとエラーになります。

　「VARCHAR」は可変長の文字列型を意味します。括弧内で「30」と指定すると、30文字以内の文字列を格納できます。同様に、「DATE」は日付を意味します。

　データベースは、条件を満たさないデータを格納できなくすることができます。このような制約条件を制約といいます。上記の books テーブルでの制約は、「備考」の列で表現しています。たとえば、id という項目には主キー制約がありますので、この項目が主キーです。

　また、title という項目には NOT NULL 制約を設定しています。これは、データが存在しない、もしくは欠落していることを示す NULL という値が格納されることを禁止する制約です。

　よく使われる主な制約は次のとおりです。

● 制約の種類と内容

制約	記法	内容
NOT NULL 制約	NOT NULL	NULL 値を禁止
チェック制約	CHECK（条件）	条件を満たさないデータを禁止
一意性制約	UNIQUE	重複するデータを禁止
主キー制約	PRIMARY	一意であることを保証
参照性制約	FOREIGN KEY	ほかのテーブルにないデータを禁止

　ここで、一意性制約と主キー制約は、いずれもすべての行で同じ値がなく、一意に識別できることを意味します。主キー制約は 1 つのテーブルに対して 1 つだけ設定するために使われます。たとえば、前掲の users テーブルではユーザーの ID に設定し、ほかの項目には設定できません。一方で、一意性制約は複数の項目に対して設定できます。このため、users テーブルであればメールアドレスのように同じ値を登録できなくするために使われ、ほかにもテーブルの中で同じ値を登録できないようにしたい項目があれば、一意性制約を設定します。

◉ テーブルを分割する

　ここまで述べてきたとおり、複数のテーブルを関連づけられることを踏まえ、テーブルをどのように分ければよいのかを考えましょう。ここで考えるのは、1 つのテーブルの中に同じ情報が複数登録されている状態（冗長性）を排除していくことです。

　蔵書管理システムの例で、前掲の図では books テーブルによって書籍の情報

を管理していました。このテーブルを見ると、著者名や出版社名を1つのテーブルに入れています。これは、books テーブルに登録するときに、同じ著者や同じ出版社の本でも毎回入力しなければならないことを意味します。

そこで、次の図のようにテーブルを分割してみましょう。

● テーブルの分割

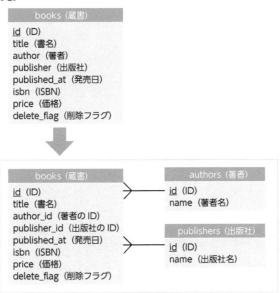

テーブルの分割により、著者の情報は authors テーブルに、出版社の情報は publishers テーブルに格納されるようになりました。そして、books テーブルでは、author_id と publisher_id で関連づけられています。

このように、1つのテーブルに同じ情報が複数登録されているような冗長性を排除し、効率よく管理できるようにテーブルを分けることを正規化といいます。

正規化することにより、同じ著者の本を登録するときは著者のリストから選択するだけでよくなります。同様に、同じ出版社の本を登録する場合も、出版社のリストから選択するだけでよくなります。さらに、出版社の名前が変更になった場合、分割していないとその出版社の名前が登録されているデータをすべて変更する必要がありましたが、分割していれば publishers テーブルで該当の行を1つ変更するだけで済みます。

これが蔵書管理システムであることを考えると、同じ本を複数購入する可能性があります。前掲の状態では、同じ本を購入すると、同じ内容を複数回登録しなければなりません。

そこで、前掲の books テーブルをさらに分割し、新たな books というテーブルでは書籍の情報を管理し、collections というテーブルで蔵書を管理することにすると、下の図のようになります。これにより、同じ本を複数冊購入しても、その書誌情報は1度だけ登録すればよくなります。

● テーブルの分割

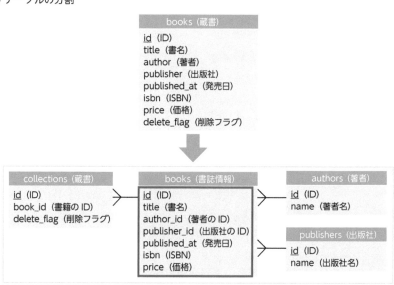

データベースを高速に検索できるようにする

データベースに膨大なデータを格納した状況を考えてみましょう。その中から、特定の条件に一致するデータを検索するとき、前から順に探すと時間がかかることが想像できます。

私たちが書籍を読むときも、特定のキーワードがどのページに掲載されているのかを前から探すと時間がかかります。しかし、巻末に索引が用意されていれば、その索引を調べると、短時間で目的のページに到達できます。

データベースにも、書籍と同じように索引の機能が用意されており、これを**イ ンデックス**といいます。データベースを設計するときには、どの項目にインデッ クスを作成するのかを指定するだけで十分です。あとはデータベースのソフト ウェアが自動的に次のようなインデックスを作成してくれます。

たとえば、データベースにおいて、書名の列にインデックスを指定すると、図 のような木構造の索引が作られたとしましょう。この索引の一番上から、五十音 順で前ならば左下、後ろならば右下にたどっていきます。目的のデータが見つか るまで左右にたどると欲しいデータを見つけ出せます。

● インデックスのイメージ

テーブル

id	title	…
1	おうちで学べるセキュリティのきほん	
2	プログラマ脳を鍛える数学パズル	
3	シゴトに役立つデータ分析・統計のトリセツ	
4	エンジニアが生き残るためのテクノロジーの授業	
5	プログラミング言語図鑑	
6	もっとプログラマ脳を鍛える数学パズル	
7	図解まるわかりセキュリティのしくみ	
8	プログラマのためのディープラーニング のしくみがわかる数学入門	
9	基礎からのプログラミングリテラシー	
10	IT用語図鑑	
11	Pythonではじめるアルゴリズム入門	
12	図解まるわかりプログラミングのしくみ	
13	ITエンジニアがときめく自動化の魔法	
14	Excelで学び直す数学	
15	プログラマを育てる脳トレパズル	
16	RとPythonで学ぶ統計学入門	
17	IT用語図鑑［エンジニア編］	
18	図解まるわかりアルゴリズムのしくみ	
19	基礎からのWeb開発リテラシー	
20	図解まるわかりデータサイエンスのしくみ	
21	「技術書」の読書術	

インデックス

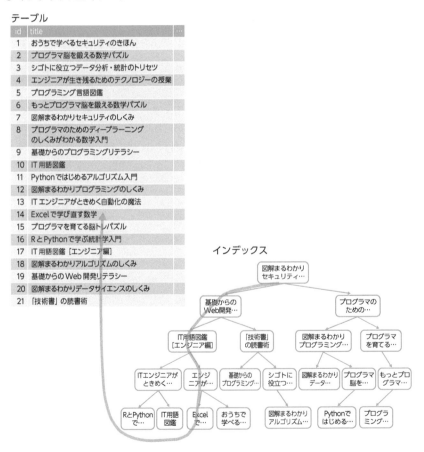

　このようなインデックスが用意されていると、データベースに膨大なデータが格納されていても高速に検索できます。もしテーブルの中に100万件といった数のデータが格納されていたら、前から順に探すと最大で100万回の比較が必要ですが、インデックスが作成されていれば1回の分岐でデータ量が半分になるため、20回程度の比較で見つけられるのです。

　ただし、インデックスを作ると、データベースのデータが更新されるたびにインデックスの内容も変わります。書籍でページを追加すると索引のページ番号も振り直しになるように、データベースのデータを更新したときもインデックスを作り直す必要があるのです。

　つまり、多くの項目に対してインデックスを作成していると、データを更新したときに自動的にインデックスが再作成され、その分だけ更新処理に時間がかかるようになります。このため、無闇にインデックスを作成するのではなく、検索で使う項目を絞り込んで、最小限の項目にインデックスを作成することを設計段階で考えておかなければなりません。

　たとえば、蔵書管理システムで蔵書を検索する場合、書名や著者名で検索することが多いでしょう。そこで、このような検索対象となりやすい列を設計段階で考慮し、インデックスを設定する対象として決めておきます。

 **プログラムの設計**

💡 POINT

- 詳細設計では抽象化することで保守性の高いプログラムを作成できる
- プログラムは、プログラミングパラダイムによって作り方が違う
- プログラムの構成として3階層アーキテクチャやMVCモデルなどがある
- 基本設計では考慮できないような細かな制御も詳細設計で考慮する
- 詳細設計の段階で設定項目を整理しておく

◉ プログラムを書く前に考えるべきこと

　基本設計ができれば、プログラマはプログラムを作成できます。システムを入力→処理→出力のセットで考えると、基本設計で画面で入力される項目と出力される項目、帳票のレイアウトなどが決まっているので、あとは具体的な処理をプログラミング言語で書くだけです。利用者が使う画面が1つだけで、その入力と出力がシンプルなものであれば、詳細設計を省いてもプログラムを作成できます。

　しかし、実用的なシステムには利用者が使う画面が複数あり、その中には共通の処理も多くあります。こういったシステムを複数のプログラマが協力して開発するとき、それぞれが独自に開発していると、重複や漏れが発生する可能性があります。

　プログラマ同士が円滑にコミュニケーションをとり、正確なシステムを実装するためには、その内部構造や動作について詳細に把握できるような資料が必要なのです。このような資料が詳細設計書として残っていると、問題が発生した場合にも変更が必要な場所を容易に特定でき、より短い時間でシステムの品質を向上させることにつながります。

◎ 抽象化して保守性を高める

　詳細設計の有無によって、具体的にどういった違いが出てくるのかを考えてみましょう。たとえば、蔵書管理システムにおける画面には、書籍を検索する画面もあれば、貸出状況を検索する画面もあります。

　このとき、「書籍を検索する」というプログラムと、「貸出状況を検索する」というプログラムを別々に作ることもできますが、「検索する」プログラムを作成し、その処理に必要な設定値を外部から与える方法もあります。このように、あるプログラムに対して外部から与える設定値を**パラメータ**といいます。

● パラメータを使って共通化する

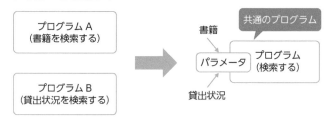

　このようにプログラムをまとめておくと、処理内容に修正が発生しても、1か所を修正するだけで済みます。もしほかの検索機能が必要になった場合も、パラメータを変えるだけでよく、プログラムを修正する必要がなくなる可能性があるのです。

　このように、ソースコードの重複をなくして再利用性を高めたり、複数のプログラムに共通する機能をまとめたりすることを抽象化といいます。抽象化しておくことで、プログラムの保守性が高まることが期待できます。

◎ 保守を意識してプログラミングパラダイムを選ぶ

　抽象化したプログラムを作成するためには、プログラミング言語の選択も重要です。

　プログラムを作るときに使われるプログラミング言語は、どれを使っても、最終的には機械語というコンピュータが理解できる言語に変換されます。しかし、

プログラミング言語は、その言語が設計された背景にある「考え方」によってさまざまな分類ができます。その背景にある考え方を**プログラミングパラダイム**といいます。

　古くから使われてきた C 言語や Pascal といったプログラミング言語は、「**手続き型**」というプログラミングパラダイムで設計されています。これは、処理の「手順」に注目した考え方といえます。

　手続き型のプログラミング言語では、実行する一連の処理をまとめた「手続き」を定義し、この手続きを呼び出しながら処理を進めます。料理であれば、「材料を切る」「煮る」「焼く」「盛り付ける」などが手続きのイメージです。「カレーを作る」ことがメイン処理であれば、その中で「材料を切る」「煮る」「盛り付ける」といった手続きを呼び出します。さらに、「煮る」の中では「沸騰させる」「材料を入れる」「煮込む」といった手続きを呼び出します。

● 手続き型のイメージ

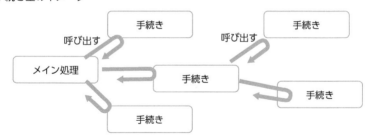

　手続き型では事前に定義した手続きを呼び出すことで、一度書いたコードを何度でも簡単に使えます。似たような処理を手続きとしてまとめておけば、効率よくプログラムを作成できます。

　ただし、ソースコードのどこからでも手続きを呼び出せることは便利な一方で、大規模なプログラムでは想定されていないところから処理が呼び出されてしまい、問題になる場合もあります。「呼び出す手順を間違えた」「必要な手順が漏れていた」といったことが発生すると、その影響の範囲を調査するのも大変です。

　そのため現在は、「**オブジェクト指向**」というプログラミングパラダイムが主流になっています。Java や C#、PHP、Ruby、Python など最近よく使われているプログラミング言語の多くがオブジェクト指向の考え方を取り入れています。

オブジェクト指向の特徴の1つとして、「データ」と「操作」をひとまとめにする考え方があります。ひとまとめにしたものをオブジェクトといいます。オブジェクトに対しては、外部から実行できるように公開されている操作でしか、その内部にあるデータや操作にアクセスできないように設定するカプセル化が行われています。

このことは、いくつかの自動調理メニューを備えた「電気圧力鍋」にたとえるとイメージしやすいでしょう。オブジェクトにあたる電気圧力鍋に対して「材料を入れる」、「調理ボタンを押す」という公開された操作をすれば、あとは自動的に電気圧力鍋が調理してくれます。このとき、料理をする人が調理にかかる時間や火加減（データ）を変える必要はありませんし、調理の順番や火加減の調整などを考える作業（非公開の操作）は必要ありません。

● オブジェクト指向でのカプセル化のイメージ

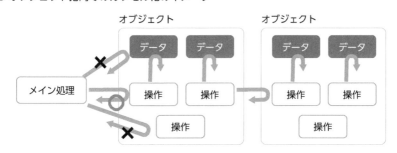

これにより、ほかの処理からアクセスする必要がないデータや操作を隠し、必要な操作だけを公開することで、「呼び出す手順を間違えた」「必要な手順が漏れていた」といった不具合の発生を防いでいます。

オブジェクト指向でプログラムを作成するときには、どういったオブジェクトを作成し、それにどのようなデータと操作を用意するのかを考える必要があります。

整理すると、手続き型では「煮る」「焼く」「沸騰させる」「煮込む」といった具体的な手続きがありました。これをオブジェクト指向では「調理ボタンを押す」といった操作で実現できるようになりました。その操作によって実行される具体的な中身については、その中身の開発者以外が知る必要はなくなり、抽象化できたといえるのです。

典型的な構成を考える

　前述のように抽象化する作業を行うと、どんなプログラムでも共通して必要となる処理があることに気づきます。そこで、システム開発の先人たちは、システムを作るときの構成はどのようなものがよいのかと、さまざまなシステムに共通して用いることができる典型的な構成を考えてきました。

　Webアプリなど多くのシステムの代表的な構成として、**3層アーキテクチャ**や **MVCモデル**、**MVPモデル**、**MVVMモデル**、**クリーンアーキテクチャ**などがあります。ここでは、3層アーキテクチャとMVCモデルを紹介します。

● 3層アーキテクチャ

　3層アーキテクチャでは、アプリケーションの構成を「プレゼンテーション層」「アプリケーション層」「データ層（データアクセス層）」に分けて考えます。

● Webアプリでの3層アーキテクチャ

　プレゼンテーション層は、利用者とやりとりする層です。利用者に情報を提示し、利用者からの入力を受け付けます。Webアプリでは、HTMLなどで作成したWebページを表示して、そこで入力を受け付ける機能を提供します。

　アプリケーション層は、プレゼンテーション層から受け取ったデータをもとに、さまざまな処理を行います。また、データ層を呼び出して、データの追加や変更、削除などを行います。

　データ層は、アプリケーション層からの呼び出しを受けて、データを管理します。プレゼンテーション層から直接データ層にアクセスすることはありません。

　3層に分割することで、開発や保守の効率が上がることが期待できます。たとえば、処理内容は同じままで見た目だけを変えたい場合は、見た目を生成するプレゼンテーション層のプログラムを変えるだけで、ほかの部分は変える必要がありません。同様に、データの保存先をファイルからデータベースに変えるといった場合は、データ層のプログラムを変えるだけです。

● MVC モデル

3 層アーキテクチャと同じように処理を 3 つに分ける考え方として、MVC モデルがあります。これは Model、View、Controller という 3 つが連携するものです。

● Web アプリでの MVC モデル

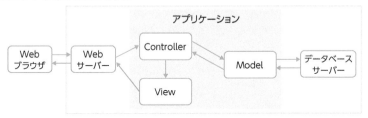

Model はデータの管理を担当します。データベースサーバーとの間でデータの登録、更新、削除などを行うほか、与えられたデータに対する業務の流れや処理手順に合わせたプログラムを記述します。

View は画面の表示を担当します。Web アプリの場合、HTML などを出力し、利用者に対して処理結果として画面に表示します。デザインが中心となるため、その制作の多くをデザイナーが担当することもあります。

Controller は上記の Model と View の制御を担当します。利用者からの入力を受け、その内容からどの Model に指示を出すのかを決め、Model からの処理結果を View に受け渡します。

MVC モデルも 3 層アーキテクチャと同様に開発や保守の効率を上げるために使われます。Web アプリの開発にはフレームワーク[4] を使うことが多く、代表的なフレームワークである Ruby on Rails や Laravel などが MVC モデルを採用しています。

Model、View、Controller のように役割に応じてソースコードを分割することにより、複数のチームで開発を進められるメリットがあります。たとえば、View をデザイナー[5]、Model や Controller を複数のチームのプログラマがそ

---

[4] 多くのソフトウェアで使われる一般的な機能が用意された開発の土台となるもの。開発者はその土台の上で個別の機能を開発するだけでよいため、開発効率の向上が期待できる。

[5] View のプログラムには、デザイナーにも扱える人が多い HTML や CSS といった技術がよく使われる。

れぞれ担当するなど分業しやすくなります。

　3層アーキテクチャでもMVCモデルでも、設計の段階でどの処理をどの部分で実装するのかを明らかにしておかないと実装の工程に進めません。人によって認識が違っていると、あとになって必要な機能が実装されていないことが判明する場合もあるため、それぞれの担当範囲を詳細設計で整理しておきます。

細かな制御を考える

　外部設計では、入力画面の項目や制限について紹介しました。入力できる文字数を決めたり、入力を選択式にしたりすることにより、不適切なデータが入ってこないように設定できます。

　しかし、プログラムを開発するときには、ユーザーの入力やデータベースの読み込みなどに対してほかにも多くのチェックが必要になります。

　たとえば、ある本の貸出を申請する画面で、その本の在庫が1冊しかなかったとします。2人の利用者がその本の貸出を申請しようとしたとき、どちらの利用者も画面を開いた時点では在庫が残っていました。片方が申請ボタンを押したあとでもう一方も申請ボタンを押したとき、どのような制御が必要になるか考えてみましょう。

● 在庫の制御

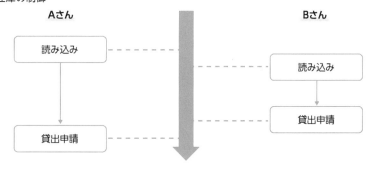

　適切に制御されていないと、実際の在庫は1冊しかないのに、システム上はどちらの利用者もその本を借りられることになってしまいます。1人しか使わないシステムであれば問題ない処理でも、複数人が利用するならば、更新のタイミングを考慮しないと問題が発生します。

　具体的な対策としては、事前に読み込んだ在庫の数を前提に処理するのではなく、貸出申請の処理のタイミングで在庫の数をあらためて確認して更新する方法が考えられます。これにより、在庫がないのに貸出申請ができてしまう状態の発生を防げます。

　似たようなことは、利用者の操作に従って在庫などの数を減らす場合だけでなく、登録している情報を更新する画面でも発生します。たとえば、ある本の情報を更新する場面を考えます。蔵書管理者のXさんはこの本の著者名に誤りがあることに気づき、変更しようとしています。一方で、Yさんはこの本の出版社名に誤りがあることに気づき、変更しようとしています。適切な制御が行われていない場合、次の図のような順序で操作が行われると、先に更新ボタンを押したXさんの変更内容が失われてしまいます。

● 一方の更新が失われる

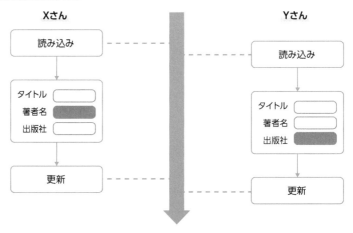

　読み出した時点の情報から現在の内容が変わっているにもかかわらず、システムがそれをチェックせずにYさんの編集した内容で情報を更新したために、Xさんが変更したはずの著者名がもとに戻ってしまうのです。

　このような状況に陥らないように、ある処理が利用している間はほかの処理が利用できないように制限したり禁止したりする制御を排他制御といいます。このような排他制御の実現方法には、楽観ロックと悲観ロックがあります。

● **楽観ロック**
ほかの人が編集しようとしているときでもデータの編集は許すが、それを反映する段階でほかの更新が入っていればエラーとする方法です。楽観ロックを使えば、ほかの人が編集を途中でやめた場合、問題なく処理を進められます。しかし、ほかの人によって更新されていると、せっかく入力した内容が無駄になる可能性があります。

● **悲観ロック**
誰かが編集しようとした時点で、ほかの人は編集できないようにする方法です。悲観ロックを使えば、ほかの人が編集しようとしているときには編集画面にすら入れないため、入力した内容が無駄になることはありません。しかし、編集しようとしていた人が更新しなかった場合、その人が編集を取り消すまで、ほかの人は操作できなくなります。

一般に、Web アプリなどではロック時間を短くするために楽観ロックが使われています。これにより、複数の利用者が同時に利用する場合でも、それぞれの待ち時間を最小限に抑えられるのです。

● 楽観ロックと悲観ロック

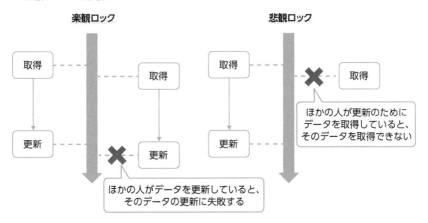

本の情報の例は、データベースに含まれる 1 つのテーブルの 1 つの行の更新でしたが、複数のテーブルや複数の行を更新する場合にはさらに注意が必要です。
たとえば、銀行のシステムで、A さんと B さんがお互いにシステムの送金機能を使って、自分の口座から相手の口座にお金を振り込もうとしていたとします。

この送金機能は、お金の流れに着目すると、自分の口座からの出金と、相手の口座への入金に分けられます。ただし、システムとしてはこの 2 つを 1 つのセットとして扱う必要があります。出金だけが行われ、入金が行われないとお金が消えてしまうからです。

　このような 1 セットにまとめられた処理の単位を**トランザクション**といいます。トランザクションにまとめられた処理は、トランザクション単位で確定する（コミット）か、もとに戻す（ロールバック）かのどちらかになります。

　問題なのは、それぞれの操作のタイミングが同時になってしまった場合です。たとえば、A さんが出金したあとで B さんが出金し、その後 A さんの口座に入金され、B さんの口座に入金されるという流れだったとします。

　この場合、それぞれの出金の操作で口座の情報が更新されているため、ほかの口座から入金する処理ができません。よって、どちらも待ち状態になり、延々とロックが続いてしまうのです。これを**デッドロック**といいます。デッドロックになると、処理を進められないため、たとえばいずれかの処理を強制的にロールバックしてエラーとなるように設計します。

● デッドロック

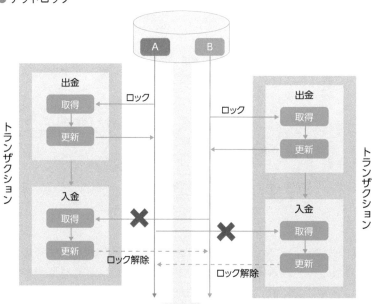

🔵 4日目のおさらい

┃問題

Q1　UMLで使われる図のうち、オブジェクト間のメッセージのやりとりを時系列で表現する図として正しいものを選んでください。

A.　クラス図　　　　　　　B.　オブジェクト図
C.　アクティビティ図　　　D.　シーケンス図

Q2　検索結果の一覧を表示する画面において、検索エンジンなどでよく使われる1ページあたりの件数を指定して表示する方法としてもっとも適切なものを選んでください。

A.　全件表示　　　　　　　B.　一部表示
C.　ページング　　　　　　D.　リスティング

Q3　バッチ処理をタイマーで起動するときにUNIX系OSでよく使われるソフトウェアとしてもっとも適切なものを選んでください。

A.　cron　　　　　　　　　B.　PowerPoint
C.　Swagger　　　　　　　D.　タスクスケジューラ

Q4　複数のサービスで提供されているAPIなどを組み合わせて新しいサービスを作ることを指す言葉としてもっとも適切なものを選んでください。

A.　マインドマップ　　　　B.　マッシュアップ
C.　マイグレーション　　　D.　マージソート

Q5 データベースにおいて、ある列に同じデータが複数登録されないことが保証される制約として正しいものをすべて選択してください。

A. NOT NULL 制約   B. 一意性制約
C. 主キー制約   D. 参照性制約

Q6 オブジェクト指向の考え方で、外部から実行できるように公開されている操作でしかその内部にあるデータや操作にアクセスできないようにすることを指す言葉として正しいものを選んでください。

A. インスタンス化   B. カプセル化
C. 標準化   D. 仮想化

Q7 3層アーキテクチャで使われる層として適切なものをすべて選んでください。

A. プレゼンテーション層   B. アプリケーション層
C. ハードウェア層   D. データ層

解 答

A1　D

オブジェクト間のメッセージのやりとりを時系列で表現する図はシーケンス図であり、D が正解です。

A のクラス図と B のオブジェクト図は構造を表す図で、時系列などを表現することはできません。

また、C のアクティビティ図でもシステムの処理の流れや状態を表現できますが、オブジェクト間のメッセージではなく業務の流れを表現するために使われるのが一般的です。

➡ P.123〜126

A2　C

一覧表示画面の表示方法として、全件表示、一部表示、ページングがあります。1 ページあたりの件数を指定して表示する方法はページングと呼ばれます。D のリスティングは一覧表示とは関係なく、広告の表示などに使われる言葉です。

➡ P.131〜132

A3　A

バッチ処理をタイマーで起動するとき、UNIX 系 OS では cron、Windows ではタスクスケジューラを使います。よって、A が正解です。B の PowerPoint はプレゼンテーション用のソフトウェア、C の Swagger は OpenAPI の仕様の記述などに使われるソフトウェアで、タイマー起動とは関係ありません。

➡ P.136、143

A4　B

複数のサービスで提供されている API などを組み合わせて新しい
サービスを作ることを指す言葉はマッシュアップです。よって、B が
正解です。ほかの A、C、D の言葉は API などとは関係ありません。

⇒ P.141

A5　B、C

一意性制約はユニーク制約とも呼ばれ、同じデータが複数登録されな
いようにするために設定するものです。主キー制約は行を一意に識別
するための制約で、同じデータは登録できません。よって、B と C が
正解です。

⇒ P.150

A6　B

オブジェクト指向ではデータと操作をひとまとめにして扱います。そ
して、内部のデータや操作を外部から隠し、公開された操作のみでア
クセスできるようにするカプセル化を行います。よって、B が正解です。
A のインスタンス化は、クラスからインスタンスを生成することを指
します。また、C の標準化と D の仮想化はオブジェクト指向には関係
ありません。

⇒ P.158

A7　A、B、D

3 層アーキテクチャでは、プレゼンテーション層、アプリケーション
層、データ層の 3 つの層に分けます。ハードウェア層という層はあ
りません。よって、A、B、D が正解です。

⇒ P.159

5 日目

開発・実装工程の概要とポイントを知る

1 開発・実装工程の概要

- ☐ 開発・実装の工程とは
- ☐ プログラミング言語の選択
- ☐ フレームワークとライブラリ
- ☐ コンパイルとリンク、静的解析

1-1 開発・実装の工程とは

POINT

- ・ プログラムを作成する工程を開発や実装という
- ・ プログラミングの中心的な作業は、ソースコードを作成するコーディングである
- ・ 一般的なシステムは複数人で開発を進める

◯ 開発・実装の全体像

　設計が終わったら、その内容をもとにプログラムを作成します。これを開発や実装といいます。会社によっては製造と呼ぶこともあります。1日目で解説したような、プログラマがプログラミング言語を使ってソースコードを作成し、それを機械語のプログラムに変換する作業を指します。

　この工程でソースコードを作成するには、設計工程で作成した設計書が必要で、この工程の成果物はプログラムです。なお、設計書で定められたとおりに動作しているかを確認するためのテストやデバッグなどの作業を開発・実装の工程に含むこともありますが、本書ではテストやデバッグを6日目で解説します。

プログラミングとコーディングの違い

プログラムを作成することをプログラミングといいますが、設計やテストなどの工程をプログラミングに含める場合もあり、プログラムの開発作業全般を指す、非常に幅広い言葉です。

このプログラミングの工程において、開発者に求められるスキルは会社の規模や業務内容によってさまざまです。たとえば、データベースにアクセスするプログラムを開発するのであれば、データベース上にテーブルを作成し、インデックスを設定し、初期データを格納するなど、データベースを管理する作業も含まれます。

つまり、プログラマはプログラミングだけできればよいのではなく、それに関連する知識を幅広く求められるのです。一般に、複数の技術分野に精通しているITエンジニアのことをフルスタックエンジニアといいます。具体的にどのような技術に精通している人を指すのか明確な基準はありませんが、プログラマは経験を積む中で複数の業務を任されることが多く、幅広い知識を持っている人が多いものです。

プログラミングの作業のうち、特にソースコードを作成する部分だけを取り出してコーディングと呼びます。前述の機械語への変換はツールを使いますので、プログラミングの作業の中心にあるのはコーディングだといえます。

ペアプログラミング

1人でプログラムを開発していると、その人のスキルが不足していることにより、開発に想像以上に時間がかかったり、自己中心的な実装になったりすることがあります。

思い込みや勘違い、ミスなどがあると、ソースコードに不具合が埋め込まれてしまい、あとになって問題が発覚することも少なくありません。

そこで、1人で開発するのではなく、複数人のプログラマが1つのコンピュータを使って共同で開発を進める方法がとられることがあります。2人のときはペアプログラミング（ペアプロ）、3人以上のときはモブプログラミング（モブプロ）といいます。

ペアプロやモブプロで組む開発者の能力に差があると、常に特定の開発者だけ

5
日目

1
開発・実装工程の概要

が意見を言う形になり、ほかの開発者のモチベーションが下がる可能性があります。また、発注者には、複数人が共同で開発を進めるのは効率が悪く感じられたり、意見を言う側の開発者がサボっているように見えたりする可能性もあります。

　しかし、一緒に作業することでほかの人の意見が加わり、ソースコードの質が上がることが期待できます。開発者のスキルが低い場合、ほかの開発者の指摘による教育効果も見込めるため、有効な方法なのです。

開発・実装の工程で必要なもの

　開発・実装の工程では、さまざまなツールが必要です。ソースコードは文字だけで構成されますので、Windows のメモ帳などのソフトウェアを使うこともできますが、実際には開発に便利な機能を備えたソフトウェアが使われます。

　また、プログラミング言語で書かれたソースコードを機械語のプログラムに変換するためのツールも必要です。このツールは、プログラミング言語によって異なり、無料のものだけでなく有料のものも存在します。

　さらに、開発したプログラムを実行するための環境も必要です。ここでの「実行」とは、開発者が開発・実装の一環として、「作っては動かして確認する」という作業を指します。デスクトップアプリの開発であれば、開発者のパソコンで動かすだけでなく、利用者のパソコンで動くか確認する必要があります。一般的には開発者のパソコンでソースコードを作成しますが、その環境は開発者用に特化しているため、利用者のパソコンで動くとは限らないのです。

　同様に、Web アプリの開発であれば、実行するための Web サーバーが必要ですし、スマホアプリの開発であれば、実行するためのスマートフォンが必要です。このように、変換したプログラムを実行するための環境は別に用意しなければならないことが多いものです。

　そこで、この節の残りでは、プログラムを開発するときにどのようにプログラミング言語を選択するのか、そして選択したプログラミング言語で開発するために必要なツールについて解説し、第2節では開発したプログラムを実行する環境の構築について解説します。また、第3節ではコーディングにおける注意点を解説し、第4節では開発したものをあとの工程に引き継ぐ方法について解説します。

プログラミング言語の選択

POINT

- 作るものによって向いている言語は異なる
- 開発に使う言語は組織として対応できるものを選ぶ
- 同じプログラミング言語でも導入するバージョンを検討する

プログラミング言語は目的に合わせて選ぶ

　ソースコードはプログラミング言語で記述しますが、どのプログラミング言語を使えばよいのかがよく問題になります。プログラミング言語は世の中に数千種類[1]あるともいわれ、一般的に使われるものでも 20 種類くらい存在します。

　システム開発をするときも、多くのプログラミング言語の中からどれかを選ばなければなりません。このとき、最初に考えるべきは「何を作るか」です。たとえば、iOS 用スマホアプリと Web アプリでは、向いている言語が異なります。

● 作るものに合わせてプログラミング言語を選ぶ

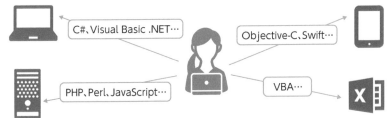

チームでの開発を意識する

　個人が趣味でプログラムを作るのであれば、目的に合った言語の中から好きなものを選んでかまいません。

※1　Wikipedia に掲載があるだけで 700 種類を超えており、名前のついていないものを入れると数千種類はあると考えられる (https://en.wikipedia.org/wiki/List_of_programming_languages)。

　しかし、組織として仕事でシステムを開発するのであれば、個人の好みだけで選ぶことはできません。複数人で開発チームを作る場合は、チームメンバーが理解できる言語から選ぶ必要があります。また、開発したシステムは数年から数十年にわたって使いつづけられる可能性があります。自分が退職したり部署を移動したりしたときには、そのソースコードをほかの人に引き継ぐことになります。

　このとき、引き継いだ人がソースコードの中身を理解できないのでは困ります。将来的に追加の開発者を募集することを考えても、多くの開発者が使用している言語を選んでおけば、業務の引き継ぎや人材の採用が容易になるでしょう。

　まったく新しいシステムの開発などで、過去に経験がない新しい言語に挑戦したい場合は、部署で勉強会を開催するなど、ほかのメンバーを巻き込んで仕事として組織的に開発できる体制を作る必要があります。

◯ プログラミング言語のバージョンを決める

　開発に使用するプログラミング言語を決めると、次はバージョンを決める作業が待っています。たとえば Python では、2000 年に公開された Python 2 といういうバージョンの系列（2 系）と、2008 年に公開された Python 3 というバージョンの系列（3 系）が現在使われています。しかし、2 系と 3 系ではソースコードに互換性がありません。

　一般的には、プログラミング言語に新しいバージョンが登場しても、数年単位で移行期間が設けられ、その間は古いバージョンもサポートされます。ただし、1 つのプログラミング言語についてサポートされているバージョンが複数あるとき、どのバージョンを使うかによってサポート期間が変わってきます。

　最新のバージョンは、その時点から未来にわたってのサポート期間が長くなるものと期待されるため、可能であれば最新バージョンを使うべきですが、最新バージョンは書籍などの資料が充実しておらず、不具合が残っている可能性もあります。古いバージョンは、「枯れた」と表現されることもありますが、長く使われることで不具合が出尽くしており、問題が発生しても多くの開発者が解決した資料がインターネット上にあります。また、長く使われた言語やバージョンであれば、知識がある開発者も多いです。

　こういった事情のため、バージョン決定は難しくなっています。開発するシステムの使用期間やサポート期間などを考慮して選択する必要があるのです。

1-3 フレームワークとライブラリ

 POINT

- 効率よく開発するためにフレームワークを使うことが多い
- 便利な機能を手軽に実装するためにライブラリを使う

フレームワークの選択

4日目の MVC モデルの解説の中で、Web アプリケーションの開発にフレークワークがよく使われるということを述べました。現代のアプリの多くは効率よく開発するために何らかのフレームワークを使っています。

たとえば、Windows のデスクトップアプリを開発するのであれば、「.NET Framework」を使います。Web アプリではプログラミング言語に合わせたものが用意されており、Ruby であれば Ruby on Rails、PHP であれば Laravel や CakePHP、Python であれば Django や Flask、FastAPI などの「Web アプリケーションフレームワーク」が有名です。

これらのフレームワークは開発の土台として提供されるもので、用意されたフレームワークに沿って開発していれば、開発者が何も処理を実装しなくても、ある程度の機能を実現できます。Windows の .NET Framework を使えば、何もソースコードを記述しなくても、ウィンドウを1つ開くだけのデスクトップアプリを作成できます。

このようにフレームワークは便利なしくみですが、あるフレームワークを使うということは、そのフレームワークに沿ってプログラムを作成することを意味します。あとからフレームワークを変えたいと思っても、全面的なソースコードの書き換えが必要になるため現実的ではありません。

つまり、最初の段階でどんなフレームワークがあるのかを調査し、できることやできないことを把握しておかないと、開発の後半になってから大幅な修正が生じて困ってしまうかもしれないのです。

また、フレームワークを使うことで、プログラムの実行速度が遅くなる可能性があります。フレームワークには、さまざまな便利な機能が用意されているため、

5
日目

1
開発・実装工程の概要

175

その処理に時間がかかる場合があるのです。一般的なシステムではフレームワークの使用によるプログラムの実行速度の低下は気にするほどではありませんが、システムの内容によっては開発効率を優先するのか、プログラムの実行速度を優先するのかといった基準でフレームワークを選ぶことが必要です。

⚫ ライブラリの使用

フレームワークと似た役割を持つものとしてライブラリがあります。多くのプログラムで使われる便利な機能をまとめたもので、次のような機能があります。

- メールの作成、送受信
- ログの記録
- 数学的な関数（三角関数、平方根、絶対値、四捨五入など）
- 画像処理（拡大、縮小、ファイル形式の変換など）
- ファイルの読み込み、保存

こういったライブラリの中から、自分が使いたいものを選んで組み合わせることで、実現したい機能を簡単に実装できます。複数のプログラムで似たような処理を行うのであれば、その機能をライブラリとして切り出して共有することで、メモリやハードディスクなどの記憶領域を有効利用できます。

画面に文字を表示するなどの基本的なことでもライブラリを使うため、世の中にあるプログラムでライブラリを使っていないものはほぼありません。

● ライブラリのイメージ

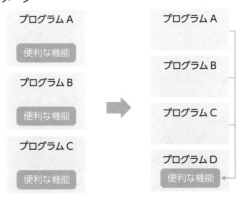

フレームワークとライブラリの違い

フレームワークはソフトウェアの土台であり、多くのソフトウェアで必要とされる機能があらかじめ用意されています。フレームワークを使うことで、必要な機能がある程度実装された状態から開発をスタートできます。

ライブラリは開発したい機能に合わせて選択できるパーツです。開発者が意識してソフトウェアに組み込む必要がありますが、自分が欲しい機能に必要なライブラリだけを選ぶことで効率よく開発を進められます。

● フレームワークとライブラリ

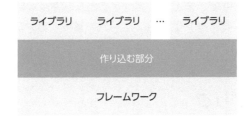

開発者は、フレームワークに合わせてカスタマイズしたい部分を記述し、ライブラリを呼び出す処理を実装することで、新たなソフトウェアを短時間で開発できるのです。

5
日目

1

開発・実装工程の概要

 コンパイルとリンク、静的解析

💡 POINT

- ソースコードを読み込みながら実行するときに使われるプログラムをインタプリタという
- 事前にソースコードを変換して機械語のプログラムを作成するときに使われるプログラムをコンパイラという
- ソースコードから実行プログラムを作るにはコンパイルとリンクという作業が必要で、まとめて実行するビルドがよく使われる
- プログラムを実行せずにソースコードを解析する方法に静的解析がある

🔵 インタプリタ

　ソースコードを作成すると、それをコンピュータが実行できる形に変換する必要がありました。このとき、変換する方法やタイミングはプログラミング言語や実行環境によって異なります。

　プログラミング言語で書かれたソースコードの変換を、コンピュータが実行するときに同時に行う方法があります。これは、私たちの身近な例として「通訳」を思い浮かべるとイメージしやすいでしょう。通訳は、日本語などで話している言葉を、相手に伝えるために英語などに訳して伝えていきます。これと同様に、プログラミング言語で書かれたソースコードを、読み込んだそばから変換・実行する方法があります。その実行に使われるプログラムをインタプリタといいます。

● インタプリタのイメージ

　変換しながら実行するため、事前の変換作業は不要です。作成したソースコードに問題があれば、その部分を修正して再実行するというように気軽にソース

コードの実行を試せます。一方で、実行するたびに変換の処理が必要になるため、その実行に少し時間がかかります。

ほかのコンピュータでプログラムを動かすときは、そのコンピュータにインタプリタを導入しておけば、ソースコードを配布するだけで実行できます。

しかし、ソースコードをそのまま配布すると、受け取った側がその内容を見ようと思えば見ることができます。それを避けたければ、この方法は使えません。

もちろん Web アプリであれば、Web サーバー (アプリケーションサーバー) にインタプリタを導入しておけば、実行されるのはサーバー上です。このため、利用者がインタプリタを導入する必要はありませんし、利用者は Web ブラウザでアクセスするだけなので、ソースコードを見られることもありません。

◎ コンパイラ

翻訳された本を読むとき、もとの言語の本を見る必要はありません。これと同じように、ソースコードを事前に「機械語」に変換しておく方法があります。この変換に使われるプログラムをコンパイラといいます。

この場合、実行するときにはすでにプログラムが機械語に変換されているため、インタプリタより高速に実行できます。ほかの人に配布するときには、変換したプログラムだけを配布すればよく、ソースコードを見られる心配はありません。

● コンパイラのイメージ

一方で、ソースコードを少ししか変更していない場合でも、変更箇所に問題がないかを確認するにはコンパイラを使った変換の作業が毎回必要です。想定したとおりに動かない場合、何度も変換の作業が必要になります。

また、コンパイラ方式では、コンパイラが生成する機械語のプログラムが OS により異なるというデメリットもあります。Windows 用のプログラム、macOS 用のプログラムなど利用者の環境に合わせて変換しておく必要があるのです。

5日目

◎ コンパイルとリンク

　コンパイラを使って、ソースコードを機械語に変換する作業をコンパイルといいます。ただし、コンパイルして機械語に変換しただけではまだプログラムとして実行できません。ソースコードは一般的に複数あり、それぞれから生成された機械語のプログラムを結合しなければなりません。また、機械語のプログラムをライブラリと紐付ける作業が必要です。この作業をリンクといい、コンパイルとリンクを合わせてビルドということもあります。

　複数のソースコードからなるソフトウェアであれば、図のようにそれぞれのソースコードを機械語に変換したあとで、リンカによってリンクします。

● コンパイルとリンク

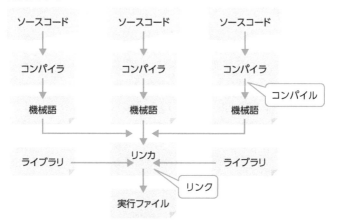

　コンパイル実施後にあるソースコードを変更した場合、変更していないソースコードは再コンパイルの必要はないため、どれを変更したのか覚えておきます。

　複数人で開発している場合、どのソースコードが変更されたのかを把握するのが面倒です。そういった場合には、コンパイルが必要なソースコードだけを特定してコンパイルし、コンパイルが成功するとリンクするという処理を行うように設定ファイルを記述し、その設定ファイルに沿って変換します。このためのプログラムとしてビルドツールや IDE（統合開発環境）[2] を使います。

---

[2] Integrated Development Environment の略。ソースコードを入力、編集するエディタに加え、機械語に変換するコンパイラやリンカ、不具合の調査に使うデバッガなどをまとめたソフトウェア。

　ビルドツールとして、make や Ant、Gradle などが有名です。また、IDE として Windows 用のデスクトップアプリの開発で使われる Visual Studio などがよく使われます。Visual Studio には Windows 用のデスクトップアプリの開発に必要な機能がまとまっており、基本的な開発機能であれば無料でダウンロード、インストールできます。チームでの開発では、有料で機能を追加できます。

静的解析の必要性

　ソースコードの内容に文法上のエラーがあると、インタプリタであれば実行時にエラーになります。コンパイラであれば、コンパイル時点でエラーになるため、文法上のエラーであれば配布前に気づきます。

　しかし、文法上のエラー以外の問題があると、インタプリタ、コンパイラのいずれを使っていても、エラーは「プログラムの実行時に」発生します。つまり、開発時ではなく、利用者が使っているときにエラーが発生しうるのです。

　常にエラーが発生するのであれば、テストで発見できるかもしれませんが、特定のデータ、特定の条件のみで発生するような問題であれば、開発時点では気づかず、実際に運用が始まってから発覚する場合もあります。

　エラーを完全になくすことはできませんが、早期に問題に気づけるように、ソースコードを作成する段階で、そのソースコードを実行せずに検証することを**静的解析**といいます（逆に、実行して検証することを**動的解析**といいます）。

　静的解析は人の目によるものと、ツールを使ったものがあります。人の目によるものとして、ソースコードを書いている人自身が目で見て確認するだけでなく、別の人が見るレビューなどがあります。大規模なソフトウェアでは、目でチェックすることに限界があるため、ツールを使うことが多いです。

　静的解析ツールにはさまざまな種類があります。コーディング規約（第3節で解説）などをチェックするだけのツールもありますし、メモリに関する不具合や脆弱性を検出してくれるツールもあります。

　静的解析ツールは、ソフトウェアの品質を数値で表現するために、ソースコードの行数や結合度、複雑度などの**ソフトウェアメトリックス**と呼ばれる指標を計測する機能を備えていることが一般的です。

2 開発環境とインフラ環境の構築

- ☐ 開発環境と検証環境、本番環境
- ☐ 環境構築のトレンド
- ☐ インフラ環境の構築

2-1 開発環境と検証環境、本番環境

 POINT

- ・ システム開発では開発環境や検証環境、本番環境が使い分けられる
- ・ 開発環境としてテキストエディタや IDE に加え、バージョン管理ソフトなどを導入する
- ・ 開発したものを自動的に検証環境や本番環境に展開するために CI/CD などの手法が使われる

○ 開発のために専用の環境を構築する

　システムを開発するとき、開発者が開発に使うパソコンやその上で動くソフトウェアを開発環境といいます。開発環境には、ソースコードを書くだけでなく、プログラミング言語で書いたソースコードを機械語に変換したり、テストを実行したりする専用のソフトウェアが導入されています。

　開発したソフトウェアを利用者が使う環境を本番環境といいます。Web サイトや Web アプリであれば、それらを公開するための Web サーバーや、一般の利用者が実際にアクセスするときに使う環境を指します。

　新しく Web アプリを開発する場合、開発環境で開発したものを本番環境に

直接配置しても、その URL を利用者に知らせる前であれば発注者も確認できて、特に影響はないかもしれません。しかし、既存の Web アプリの更新版を開発するのであれば、すでに利用者がいるため、開発環境から本番環境にプログラムを直接配置すると、トラブルになる可能性があります。

たとえば、変更した内容を発注者が事前に確認できなかったり、変更した内容に不具合があって利用者に影響が出たりといった事象が考えられます。

これらを防ぐために、検証環境を構築します。検証環境は、開発環境で作られたシステムの動作を開発者や発注者が確認するために用意されるもので、本番環境に近いハードウェアなどを使用します。検証環境を用意すると、発注者が検証できるだけでなく、その間に開発者はほかの開発作業を開発環境で進められます。

● 開発環境と検証環境、本番環境の主な使用者とプログラムの移行

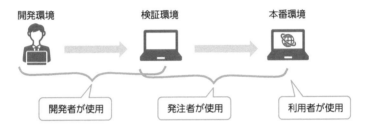

なお、検証環境とは別に最終確認用として、本番環境と同じ設定、同じソフトウェア、ほぼ同じデータを使ったステージング環境を用意することもあります。一般的に、開発環境や検証環境でのテストは動作の確認が目的であるため、登録されているデータの内容は本番環境と異なります。これでは本番環境のデータ量でのプログラムの実行速度などの検証ができないため、ステージング環境を用意し、データベースの内容も本番環境のものと合わせておき、本番環境と同じように使って問題が発生しないことを発注者が確認するために使われます。

🔘 開発環境の構築

開発環境を構築するためには、開発に必要なソフトウェアを入手する必要があります。これは、作るシステムの種類やデータの保存先によって違います。

Web アプリの開発であれば、開発の規模によって、プログラミング言語や使

われるソフトウェア、使用するサーバーなどが違います。

　たとえば、プログラミング言語を考えると、小規模から中規模な Web アプリであれば、多くのレンタルサーバーで標準として用意されている PHP が使われます。一方で、大規模な Web アプリの開発では Java が使われます。

　ソースコードの記述には、小規模な Web アプリの開発であれば、Visual Studio Code (VS Code) のような**テキストエディタ**[※3] を使う方法もありますし、中規模から大規模になると、IDE を使うこともあります。IDE はプログラミング言語によって変わり、PHP では PhpStorm、Java では Eclipse などが人気です。

　さらに、Web アプリの開発では、Web サーバーやデータベースサーバー、メールサーバーなども必要です。Web サーバーには Apache や nginx、データベースサーバーには MySQL や PostgreSQL といったソフトウェアを開発用のパソコンにインストールし、実行することで用意できます。

　バージョン管理ソフトも必要です。システム開発では、ソースコードを修正したけれどうまく動かず、もとのバージョンに戻したいということは少なくありません。また、ソースコードに対して誰がどのような変更を加えたのか、その履歴を管理したい場合もあります。そういったときに、Git や Subversion といったバージョン管理ソフトを使います。バージョン管理ソフトでは、リポジトリと呼ばれる場所にファイルの変更履歴などを保管し、そこから差分を取得することで、前の状態に戻したり、変更箇所を確認したりできます。

● バージョン管理ソフト

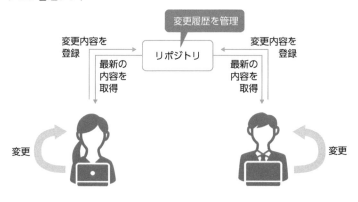

※3　テキストファイルを編集するソフトウェア。自動的なインデント（字下げ）や補完機能などでソースコードを編集しやすくしたり、文字に色をつけて見やすくする機能などを備えるものが多い。

2-2 環境構築のトレンド

POINT

・ 環境を構築するとき、仮想マシンがよく使われていた
・ 最近では Docker などを使うことが多い

⬤ 仮想化ソフトウェアによる環境構築

　前項では、開発環境を構築するために、さまざまなソフトウェアの導入が必要であることを紹介しました。ここでは、Web アプリの開発に必要なソフトウェアについて考えます。

　Web アプリの開発では、プログラミング言語やフレームワークなどが頻繁にバージョンアップします。古いバージョンでは問題なく動いていたプログラムが、新しいバージョンでは動かなくなることもあります。

　このとき、複数のバージョンでの動作を確認するために、複数のパソコンを用意して環境を構築するのは面倒です。また、複数の開発者が開発に参加していると、それぞれの開発環境を揃える必要があります。そのため、VirtualBox やVMware、Virtual PC といった仮想化ソフトウェアを使った仮想マシンがよく使われてきました。

　仮想マシンは 1 台のパソコンの中で仮想的なコンピュータを動かすものです。この仮想的なコンピュータの中では、開発に必要なプログラミング言語だけでなく、開発している Web アプリなども動きます。これらは、次の図で「アプリ」と示している部分です。

　そして、必要に応じて複数の仮想マシンを動作させることで、1 台のパソコンの中で複数のバージョンでの動作を確認できます。

5
日目

2

開発環境とインフラ環境の構築

● 仮想化ソフトウェアを使った**環境構築**

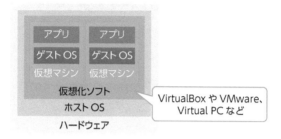

しかし、それぞれの開発者のパソコンで仮想マシンを構築しなければならず、「複数の開発者の開発環境を揃える」のは依然として面倒です。仮想マシンの起動に時間がかかる、大容量のディスクを必要とする、といった問題もあります。

Docker などコンテナ型による環境構築

最近では、コンテナ型の仮想化環境である Docker がよく使われています。コンテナ型とは、アプリケーションを実行する環境をコンテナという独立の環境で構築する技術を指します。アプリケーションの起動に必要な最低限のプログラムやライブラリ、設定ファイルなどを 1 つにまとめたコンテナと呼ばれるファイルを使うことで、仮想マシンのようにゲスト OS を起動することなくアプリケーションを実行できます。

● コンテナを使った**環境構築**

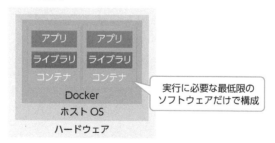

Docker を使うと、設定ファイルを用意するだけで何度でも簡単に同じ環境を構築できます。また、さまざまなソフトウェアが導入されたテンプレートとなる

コンテナが世界中の開発者によって公開されており、それをダウンロードするだけで環境を用意できます。

これにより、たとえば、プログラミング言語やフレームワークがバージョンアップした場合に、開発中の Web アプリの新環境での動作を確認することなども、容易になります。バージョンアップした要素以外は以前と同じになっている新環境を Docker で用意し、その環境で Web アプリの動作を確認すればよいのです。

● 新しいバージョンでの動作確認

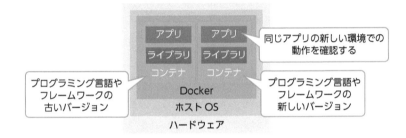

Docker は、仮想マシンで実行するよりも性能の低下が少ないことも特徴です。仮想マシンはコンピュータの中に仮想的なコンピュータを作るため、どうしても処理が遅くなってしまいますが、Docker はアプリの実行に必要最小限の機能だけを持つので、高速に実行できます。

5
日目

2

開発環境とインフラ環境の構築

2-3 インフラ環境の構築

POINT

- サーバーなどのインフラ環境の構築についても、手作業ではなく自動的に構築する IaC がよく使われる

◉ インフラ環境を構築する必要性と課題

前述したように、環境の構築にはさまざまな悩みがありました。これは開発環境に限った話ではありません。システムを作るときには、Web サーバーやデータベースサーバー、メールサーバーなどを構築しないと、開発者が動作を確認できないのです。

そして、これらのサーバーに導入するソフトウェアも、プログラミング言語やフレームワークと同様にバージョンアップがありえます。こういった複数のバージョンでの動作を確認する作業は、サーバーなどのインフラ環境でも発生します。

インフラ環境を構築するときにも、ハードウェアを購入し、OS をインストールし、必要なソフトウェアを導入する作業が発生します。このとき作業に抜けがあると、サーバーが正しく動作しないだけでなく、セキュリティ上の問題が発生することもあります。

誰でも同じ環境を構築できるようにマニュアルを整備する方法もありますが、人間が作業している以上、どうしても設定ミスが発生してしまいます。また、使うソフトウェアのバージョンが変更になったときは、マニュアルも更新しなければなりません。更新が漏れると、環境構築時にエラーが発生したり、構築した環境に脆弱性が残ったりしますが、マニュアルを毎回更新する作業は煩わしいものです。

◉ インフラ環境の構築の自動化 (IaC)

上記のような課題を解決するため、マニュアルを読んで作業するのではなく、設定ファイルやプログラムを作り、指定したファイルを配置してプログラムを実

行するだけで自動的に正しく環境を構築できるようにする方法が考えられています。

　このようにインフラ環境の構築を自動化することを、IaC（Infrastructure as Code）といいます。このコードを作成しておけば、あとはサーバーの台数がどれだけ多くなっても、同じコードを実行するだけでミスなく環境を構築できます。手作業で1つずつ作業すると時間がかかる手順でも、プログラムを実行するだけであれば作業時間を大幅に短縮できます。

　もし環境の設定に間違いがあることがわかっても、コードを修正して再実行するだけなので、何度でも容易に作り直せます。クラウドで複数の環境を構築したり、次々登場する新しいソフトウェアに対応したりといった作業が必要な現代において便利な方法だといえるでしょう。

　Docker も、設定ファイルを用意するだけで何度でも簡単に同じ環境を構築できるという意味で、IaC のツールの1つといえますが、ここではほかによく使われているツールを紹介します。

● Vagrant

　開発環境を構築するときに、仮想化ソフトウェアの例として VirtualBox や VMware などを紹介しました。これらを使って仮想マシンを構築するとき、必要なソフトウェアを手作業でインストールする方法が一般的です。しかし、サーバーとして構築するときは、同じ構成で多くの仮想マシンを作成しなければならない場合があり面倒です。

　そこで、コマンドを実行するだけで仮想マシンを容易に構築できるツールとして Vagrant がよく使われます。Vagrant を使うと、コード（設定ファイル）を書いておくだけで、VirtualBox などの仮想化ソフトウェアで動く仮想マシンを作成、起動、操作できるのです。

　Vagrant では仮想マシンのベースになるものを Box といいます。さまざまな OS の Box が公開されており、この Box に対してコマンドを実行することで、使いたい仮想マシンの構築や起動といった操作が可能になります。

● Chef

　Vagrant などで構築したサーバーに対して、さまざまな設定を追加したい場合があります。このとき、作業に漏れがあったり誤った内容を設定したりすると正

しく動作しません。このため、そうした追加設定についてもコード（設定ファイル）で書いておくと便利です。

Ruby というプログラミング言語で設定ファイルを記述するツールに **Chef** があります。クックブックやレシピと呼ばれるファイルを作成し、それを管理用のサーバーに配置します。

環境を構築したいコンピュータにはエージェントと呼ばれるソフトウェアをインストールしておき、それぞれのエージェントが管理用のサーバーから設定ファイルを取得して、環境を構築するプログラムを実行します。

● Ansible

Chef よりも後発の構成管理ツールとして、Python というプログラミング言語で開発された **Ansible** があります。Ansible では YAML と呼ばれる記法で設定ファイルを書いて、環境を構築するプログラムを実行するだけで求める環境を構築できます。この設定ファイルに使われる YAML は人間にも読みやすくわかりやすい記法であるため、設定の変更が容易にできます。導入したいコンピュータにエージェントなどをインストールする必要はありませんが、管理対象に直接コマンドを管理者のコンピュータから送信する必要があります。

● Terraform

AWS[4] や GCP[5] といったクラウドサービスでインフラを構築するときによく使われるものとして Terraform があります。**Terraform** では、設定ファイルの記述に HCL（HashiCorp Configuration Language）という独自の言語を使用します。設定ファイルを定義し、それを適用することでインフラの設定を変更します。

※4　Amazon Web Services の略。Amazon 社が提供するクラウドサービスの総称。
※5　Google Cloud Platform の略。Google 社が提供するクラウドサービスの総称。

3 コーディングにおける注意点

- ☐ 読みやすさ、保守しやすさの確保
- ☐ 処理の速いプログラムを作るには

3-1 読みやすさ、保守しやすさの確保

POINT

- ・システムに特有の処理をビジネスロジックという
- ・システム開発では読みやすいソースコードを書くことが求められる

🔘 コーディングにおいて考えるべきこととは

　プログラミングによって「入力→処理→出力」という順番にシステム内をデータが流れると考えたとき、この「処理」の部分をどのように実現するのかがプログラマの腕の見せ所です。

　この「処理」の部分をコーディングするときの具体的な要領は、選択するプログラミング言語によってさまざまです。それぞれのプログラミング言語でのソースコードの書き方や注意点などについては、各言語の解説書を読んでいただくことになりますが、どの言語を選んでもソースコードを書くときに考えるべき共通の事項が存在します。

　それが、「読みやすさ、保守しやすさの確保」と「処理の速さの実現」です。以下、この項では前者について解説し、次項で後者について解説します。

5日目

⬤ ビジネスロジックを考える

　業務内容が複雑であったり、大量のデータを扱ったりする場合は、保守を容易にすることや高速に実行することが求められます。そして、この処理の中でも、そのシステム特有の（業務に特化した）処理を**ビジネスロジック**といいます。

　例として、消費税を計算するプログラムを考えてみましょう。入力として「1000」というデータが与えられたとき、出力は「100」となります（消費税率が10%の場合）。処理の具体的な内容は、入力された金額を 0.1 倍することとなるでしょう。

　しかし実際には、考えなければならないことがほかにもたくさんあります。たとえば入力として「1111」が与えられたとき、前述の処理では出力が「111.1」となります。ところが、消費税の金額は整数にしなければなりません。よって、切り捨てなのか切り上げなのか、四捨五入なのかを考えなければなりません。

　また、入力として「−1000」が与えられたとき、前述の処理では出力が「−100」となります。マイナスの金額に対して消費税を計算することはありえないことから、入力の時点でエラーとするのか、計算の時点でエラーとするのかを考えなければなりません。

　さらに、入力として「abc」という文字の並びが与えられるとどうなるでしょうか？　単純に 0.1 を掛けるという処理を実装していると、実行時に問題が発生してプログラムの実行が停止してしまうかもしれません。これを防ぐためには入力の時点でエラーとしたいものです。

　このように、非常に単純な「消費税の計算」という処理だけでも、考えることは多岐にわたります。この中でビジネスロジックはどの部分かというと、「0.1 倍する」「四捨五入する」といった部分が該当すると考えられます。そのほかの入力でエラーと判断する部分は消費税の計算の本質ではありません。これらはほかのプログラムで処理するのが望ましいです。

　4 日目で紹介した 3 層アーキテクチャでは、アプリケーションの構成を「プレゼンテーション層」「アプリケーション層（ビジネスロジック層）」「データ層（データアクセス層）」に分けて考えました。

　この「アプリケーション層」がビジネスロジックにあたります。そして、入力の内容が文字のときにエラーにするというのはプレゼンテーション層の役割です。このように分けることで、開発者の分業が可能になります。

プレゼンテーション層の開発者は、入力された内容をチェックして正しい数値のデータだけをアプリケーション層に渡すプログラムを作成し、アプリケーション層の開発者は数値データだけを受け取って計算するプログラムを作成すればよいのです。

読みやすいソースコードを書く

ソフトウェアを開発するときは、動くプログラムができればよいわけではありません。一般的に、開発したシステムは数年から数十年といった長い期間使うことになります。当然、途中で機能の追加や修正などが何度も発生します。

このとき、どこに何が書かれているのかがすぐにわかるような保守しやすいソースコードを書いておかないと、機能の追加や修正に時間もコストもかかります。このため、読みやすく保守しやすいソースコードを書くことが求められます。

ここで、「読みやすい」「保守しやすい」という感じ方は人によって異なります。ただし、一般的に「良い」とされるソースコードの書き方はあり、コーディング規約などの規約として会社単位や部署単位で定めているベンダーが多いです。

たとえば、1つのソースコードが1万行あると、そのソースコードを読むことは大変です。しかし、ソースコードを構成するものが前述の3層アーキテクチャのように分かれていると、ある程度目星をつけて目的の部分を探せます。

ソースコードが複数のファイルに分かれていると、その管理が大変になると感じるかもしれません。それでも、1つのファイルに膨大な量を書くよりも、複数のファイルに分けて1つ1つのファイルに短いソースコードを書くほうがよいと考えられます。プログラムを分業で開発すると、データベースを扱う開発者、具体的な処理内容を実装する開発者、画面の表示を担当するデザイナーなど、開発に参加する人の役割が明確になり、問題が発生したときの対応も容易になるためです。

このため、コーディング規約では、コメントの書き方やインデント（字下げ）、空白の配置、1行あたりの文字数、1つのファイルにおけるソースコードの行数などさまざまなルールが定められています。

このようなコーディング規約を組織の中で定め、それに従って記述することで、人によって書き方が違う状況を減らし、保守しやすいソースコードを作成できるようにしているのです。

3-2 処理の速いプログラムを作るには

POINT

- 効率の良いプログラムを作るにはデータ構造とアルゴリズムの考え方が重要である
- 一般的な業務システムでは高度なアルゴリズムは不要だが、専門的なシステムでは数学などについての知識も求められる

データ構造とアルゴリズム

システムを開発するときに必要なのはプログラミング言語についての知識だけではありません。また、読みやすいソースコードを書きさえすればよいというわけでもありません。どれだけ読みやすく保守しやすいソースコードであっても、処理に時間がかかる（遅い）プログラムでは使い物にならない可能性があります。

プログラムを作成したとき、そのプログラムの実行に要する時間はソースコードの書き方によって変わります。

生活の中で、ある問題に対して同じ結果が得られる複数の解決策に思い至ることは珍しくありません。その解決策の中から、短時間でできるもの、費用が少なくなりそうなものなどを選んでいます。システムを開発するときも同じで、複数の手順の中から効率の良い方法や不具合を作り込みにくい方法を選びます。

プログラムが問題を解くときの手順や計算方法をアルゴリズムといいます。効率のよいアルゴリズムを選んで実装すると、何も工夫しないで実装するよりも高速に処理できる可能性があります。また、アルゴリズムを考えるときには、データをどのような形で格納しておくのが最適なのかも検討します。

コンピュータにデータを格納するときの構造をデータ構造といいます。格納というと、ファイルに保存することを思い浮かべる人がいるかもしれませんが、データ構造が問題になるのはそのときだけではありません。プログラムの実行中に、その処理に必要なデータは一時的にメモリに格納されますが、このときにどのように格納するのかによっても、処理に使われるアルゴリズムが限定されるのです。

たくさんの数の中に、ある数が含まれているかどうかを確認したい場面を考え

てみましょう。このとき、数をメモリ上に 1 列に並べると、先頭から順に探すことで、いつかは目的の数を見つけられます。たとえば、下のようにデータが 1 列に並んだ中から「732」という数を探すと、8 個目で見つけられます。

すべてを探したのに見つからなかった場合は、その数が存在しないことがわかります。しかし、全体の数が多ければ、探すのにそれだけ時間がかかります。

● 1 列に並んだデータから探す

先頭から順に探す →

| 487 | 275 | 901 | 337 | 820 | 511 | 197 | 732 | 408 | 696 |

ここで、同じデータを下のように木構造（木の根を上に、枝を下に表現したような図）に並べてみましょう。この並べ方には、それぞれの数の左下には上よりも小さい数を、右下には上よりも大きい数を配置するという規則があります。

● 木構造から探す

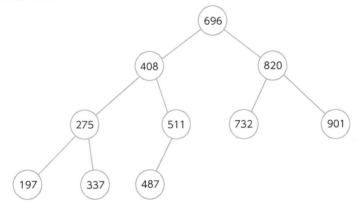

この格納方法だと、一番上のデータからスタートし、その値より大きいか小さいかを判断しながら下にたどることで目的の数を見つけられます。たとえば、1 列に並んだデータから 8 個目で見つけた「732」は、データの並べ方の規則にしたがって検索され、696 → 820 → 732 と 3 個目で見つけられます。このように、メモリ上でのデータの格納方法によって、その探し方も変わってくるのです。

1 列に並んだデータから探す方法では、データが存在しない場合、そのこと

を確認するにはデータの数の回数だけ調べなければなりません。今回の例では10件なので大した時間はかかりませんが、これが1万件、10万件、100万件と多くなると、それだけプログラムの実行に時間がかかります。

一方、木構造を使った方法では、左右いずれかに進んで木をたどり、下のデータを調べるだけなので、10件のデータなら、データが存在しないことは4回以内にわかります。たとえば、先の木構造の中で「291」が存在しないことは「696 → 408 → 275 → 337」の4回でわかりますし、「888」が存在しないことは「696 → 820 → 901」の3回でわかります。このような効率の良さは、データ件数が多ければ多いほど顕著で、データベースのインデックスでも解説したように、100万件のデータがあっても20回ほど調べれば十分です。

このように、効率の良いプログラムを作るには、アルゴリズムと合わせてデータ構造を考えることが必要となります。

高度なアルゴリズムは必要か

アルゴリズムは「計算手順」なので、一般的によく使われるものもあれば、高度な処理だけで使われるものもあります。

システム開発の中でも、在庫管理システムや経理システム、人事システムなど一般的な事務システムの開発であれば、高度なアルゴリズムが求められることはほとんどありません。決められたルールに沿って正確に実装すれば十分で、数学的な考え方が必要になることはほとんどありません。

扱うデータ量が少なければ、効率の悪いアルゴリズムで処理していても、最近の高速なコンピュータを使えば瞬時に結果が出ることもあるでしょう。

しかし、位置情報を使用した経路の探索のような少し高度なことを実装したり、大量のデータを扱うシステムを開発したりするのであれば、アルゴリズムについての知識が求められます。たとえば在庫管理のシステムであっても、その在庫の配置を最適化して商品を取り出すのにかかる時間を最小限に抑えたいといった場合は、高度なアルゴリズムが必要です。

また、3Dのゲームや映像処理、人工知能など高度な処理を実現したい場合も、数学的な知識が求められることがあります。

このため、高度なアルゴリズムが開発者に求められるかどうかは、作るシステムの大きさや扱うデータ量によって異なります。

4 あとの工程への引き継ぎ

- ☐ 検証環境や本番環境の構築
- ☐ 異なる環境へのプログラムやデータの移行

4-1 検証環境や本番環境の構築

 POINT

- ・Docker を検証環境や本番環境でも使用することが増えている
- ・複数のコンテナを連携する場合は Kubernetes なども使われる

◎ Docker を使った検証環境や本番環境の構築

開発環境の構築に Docker が使われることを第 2 節で紹介しました。しかし、Docker が使われるのは開発環境だけではありません。開発が終わったあと、検証環境や本番環境を構築する必要がありますが、ここでも Docker を使えるのです。

検証環境や本番環境を構築するときには、同じ環境を複数用意して負荷を分散することが求められる場面があります。また、開発環境から検証環境、検証環境から本番環境へのプログラムなどの移行も必要です。

Web アプリの開発環境は Windows や macOS であるのに対し、検証環境や本番環境には Linux がよく使われます。このように実行される環境が異なると、開発環境では想定されなかった不具合が移行時に発現することがあります。

しかし、Docker を使えば、Windows や macOS に Linux の環境を作成でき、プログラミング言語やフレームワーク、データベースなども検証環境や本番環境と合わせられます。これにより、移行時の不具合を最小限に抑えられます。

バージョンアップするときも、Docker を使えば、古いコンテナと新しいコンテナをそれぞれ動作させ、一瞬で切り替えることができます。何か問題が発生したときも、容易にもとに戻せるため、スピード感を持って対応できるのです。

🔘 Kubernetes の使用

Docker を本番環境でも使う場合は、複数の Docker のコンテナを連携することが考えられます。たとえば、Web サーバーのコンテナ、データベースサーバーのコンテナ、メールサーバーのコンテナなどを連携します。Web サーバーのコンテナを複数用意して負荷を分散する場合もあります。

複数のコンテナを稼働させると、その間のネットワークやストレージの構成に加え、コンテナの起動や終了などを管理するのは大変な作業になります。コンテナが正常に稼働しているかを確認するしくみも必要になります。

そこで、これらを統合的に管理するためにオーケストレーションツールを使います。代表的なオーケストレーションツールとして Kubernetes があり、オープンソースで提供されています。k8s (「k」+「8 文字」+「s」という意味) と略されることもあり、多くのクラウドサービスで導入されています。

Docker はそれぞれのコンテナを管理するだけですが、Kubernetes を導入することで、複数のホスト OS で動いているコンテナに対する負荷分散や死活監視[6]、スケジューリング[7] などが可能になります。

● Kubernetes のイメージ

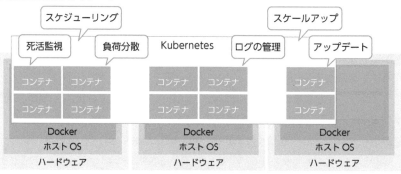

※ 6　システムが正常に稼働しているかどうかを外部から定期的に監視すること。
※ 7　処理の優先順位や CPU などの空き状況を考慮して、実行するコンピュータを割り当てること。

**異なる環境へのプログラムや
データの移行**

 **POINT**

- プログラムやデータを移行するときには、バージョン管理ソフト
  がよく使われる
- 手動での移行を避けるため、CI/CD などで自動化する方法がある

プログラムや設定ファイルの移行

　開発環境から検証環境、本番環境にプログラムや設定ファイルを移行すること
をデプロイ（配置）といいます。デプロイの方法としてわかりやすいのは、開発
環境で作成したファイルを検証環境や本番環境に手作業でコピーする方法です。

　たとえば、レンタルサーバーでは FTP（File Transfer Protocol）という手法
がよく使われてきました。手元のパソコンと FTP サーバーの間でファイルを送
受信する方法で、変更したファイルだけをコピーすれば手軽に配置できます。

　このとき、変更したファイルだけをコピーしようとして、対象のファイルに漏
れがあると、プログラムは正しく動きません。全体のファイルの数が少なければ
すべてのファイルをコピーする方法も考えられますが、ファイルの数が多いとコ
ピーに時間がかかります。

　そこで、第 2 節で紹介したバージョン管理ソフトを使う方法があります。開発
環境での変更内容をリポジトリに登録したあとで、検証環境や本番環境でその変
更内容を取り出すのです。バージョン管理ソフトがファイルの変更を管理してい
るので、変更したファイルだけのデプロイが完了します。

● バージョン管理ソフトを使った配置

199

これにより、どのファイルを変更したかを開発者が覚えておく必要はなくなります。さらに、変更したことで検証環境や本番環境で問題が発生しても、バージョン管理ソフトを使えば速やかに前のバージョンに戻せます。

◉ CI/CD

FTP やバージョン管理ソフトを使ったデプロイは、いずれも手動で操作する方法です。手順を間違えたり、バージョン管理ソフトを使わずにコピーしたりすると、ファイルの不足やバージョンの不一致による不具合が起こりえます。

手動でのデプロイを避けるために使われているのが CI/CD（継続的インテグレーション・継続的デリバリー）と呼ばれる方法です。ソースコードに何らかの変更が加えられ、バージョン管理ソフトに登録されると、その変更を検出して自動的にテストを実行します。テストに問題がなければ、それを自動的に検証環境や本番環境に配置できます。

● CI/CD の動作

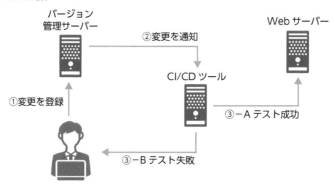

CI/CD によって実行されたテストは、不具合があると失敗します。このとき、Slack のようなチャットツールへの自動的な投稿などによって開発者に通知できるため、問題の発生に速やかに気づけます。

さらに、この方法以外ではデプロイできないように設定しておけば、不適切な操作によってトラブルが発生することを防げます。これにより、開発・実装からテストへとスムーズに移行することができるのです。

◎ 5日目のおさらい

問題

Q1　システム開発に使うプログラミング言語を決めるときに候補として検討すべき言語の特徴として、適切なものをすべて選んでください。

A.　自分だけでなくほかのチームメンバーも理解できる言語であること

B.　独自性を出すため、世の中に開発者が少ない言語であること

C.　過去のプロジェクトなどで採用したことがある言語であること

D.　サポート期間が終了した言語であること

Q2　フレームワークを使うことのメリットとして、もっとも適切なものを選んでください。

A.　開発者が何も処理を実装しなくても、ある程度の機能を実現できる

B.　フレームワークを変更しても、ソースコードを変更する必要がない

C.　プログラムの実行速度が高速になる

D.　学ぶことが少なくて済む

Q3 インタプリタについて書かれた文のうち、適切なものをすべて選択してください。

A. 利用者の手元の環境で実行するためには、ソースコードだけでなくインタプリタを導入してもらう必要がある
B. ソースコードを暗号化することで利用者に見られることを防げる
C. 実行前の段階でソースコードが機械語に変換されているため、高速に実行できる
D. 実行する OS に合わせてソースコードを用意する必要がある

Q4 開発されたシステムの動作を発注者が確認するための環境として適切なものをすべて選んでください。

A. 開発環境
B. 検証環境
C. 本番環境
D. ステージング環境

Q5 サーバーやネットワークなどのインフラ環境を、コードを書いて自動的に設定できるようにすることを意味する言葉として正しいものを選んでください。

A. Vagrant
B. Chef
C. IaC
D. Ansible

Q6 保守しやすいソースコードを書くための工夫として、適切なものを選択してください。

A. とにかく高速なアルゴリズムを追求する

B. データ構造を工夫して複雑なデータをまとめて格納する

C. 入力、処理、出力を 1 つのソースコードにまとめる

D. 組織でコーディング規約を定め、それに従ってソースコードを記述する

Q7 開発環境から検証環境や本番環境への移行をスムーズに進めるために使われているツールの特徴を説明した文章として、適切なものをすべて選んでください。

A. FTP はレンタルサーバーでは使えないことが多い

B. バージョン管理ソフトを使うと、変更したファイルだけをデプロイできる

C. CI/CD ではプログラムに不具合があっても無条件にデプロイされる

D. CI/CD では Slack のようなチャットツールへの自動的な投稿ができる

解 答

A1　A、C

プログラミング言語は、自分だけでなくほかのチームメンバーも理解できる言語であったり、過去のプロジェクトなどで採用したことがある言語であったりするとスムーズに開発を進められるため、A と C が正解です。

一方で、世の中に開発者が少ない言語では開発者を集められませんし、サポート期間が終了した言語を使うのは問題なので、B と D は不正解です。

➡ P.173～174

A2　A

フレームワークを使用すると、開発者が何も処理を実装しなくても、ある程度の機能を実現できるため、A が正解です。

フレームワークを変更すると、ソースコードを変更する必要があるため、B は不正解です。

また、フレームワークを使用すると、プログラムの実行速度が少し遅くなることが多いため、C も不正解です。

プログラミング言語だけでなくフレームワークの使い方についても学ぶ必要があるため、D も不正解です。

➡ P.175～176

A3　A

利用者の手元の環境にインタプリタを導入しないと、ソースコードを配布しても実行できないので、A は正解です。

インタプリタではソースコードを利用者に見られることを防止できないため、B は不正解です。ソースコードを暗号化してしまうと、ソースコードが変わってしまい実行できなくなります。

インタプリタでは実行前の段階のソースコードは機械語に変換されていません。機械語に変換されているために高速に実行できるのはコンパイラについての説明なので、C も不正解です。

実行する OS に合わせてソースコードを用意する必要があるのはコンパイラについての説明で、インタプリタであればその必要はないので D も不正解です。

このため、A だけが正解です。

5
日目

A4　B、C、D

A の「開発環境」は開発者が開発に使う環境なので不正解です。

一般的には B の「検証環境」を使い、公開後の確認に C の「本番環境」を使うこともあります。場合によっては最終確認用に本番環境と同じような内容が格納されたデータベースを使う「ステージング環境」で確認することもあるため、D も正解です。

A5　C

インフラ環境を、コードを書いて自動的に設定できるようにすることを意味する言葉は「IaC」なので、C が正解です。

そのほかの Vagrant や Chef、Ansible は IaC を実現するためのツールであり、不正解です。

A6　D

保守しやすいソースコードは人によって考え方が異なりますが、一般的には組織でコーディング規約を定め、それに従ってソースコードを記述する方法が使われるため、D が正解です。

A のように「とにかく高速なアルゴリズムを追求する」と、プログラムの実行は高速になっても保守が難しくなる場合があります。また、B のように「データ構造を工夫して複雑なデータをまとめて格納する」と、プログラムも複雑になる可能性があります。C のように、「入力、処理、出力を 1 つのソースコードにまとめる」と保守が難しくなる傾向があり、一般的には 3 層アーキテクチャのように分割する方法が使われます。

➡ P.193

A7　B、D

多くのレンタルサーバーでは、FTP によるファイル転送に対応しているため、A は不正解です。

バージョン管理ソフトを使うと、変更したファイルだけをデプロイできるため、B は正解です。

CI/CD では、テストを設定しておくことで、そのテストに失敗するとプログラムがデプロイされることはないため、C は不正解です。

CI/CD では、Slack のようなチャットツールへの自動的な投稿ができるため、問題が発生したときに気づくことができます。このため、D も正解です。

したがって、B と D が正解となります。

➡ P.199～200

6 日目

テストの概要と
ポイントを知る

 テストとデバッグの概要

- ☐ テストとは
- ☐ 具体的な手法でのテストの分類
- ☐ デバッグとは

1-1 テストとは

POINT

- ・ システムの不具合をバグといい、契約上は瑕疵と呼ぶこともある
- ・ システムが正しく動作するか確認することをテストという
- ・ テストをするときにはテスト計画書を事前に作成し、テスト結果の資料としてエビデンスを残す

システムの不具合とは

　お金を出して購入したソフトウェアや開発が完了したシステムを使ったときに、想定していたとおりに動かなかったり、マニュアルに書かれている内容と違う動作をしたりした経験がある人は多いでしょう。企業が製品として提供する以上、不具合がないように開発するのが当たり前だと感じるかもしれません。

　一般的な工業製品では、そういった不具合が存在すると商品の回収やリコールが発生し、大きな問題になることは珍しくありません。しかし、システムの開発で不具合をゼロにするのは難しいものです。

　本章では、その理由を考えるとともに、システムを開発する中でどのようなチェックが行われているのか、そして発注者は納品物をどのような視点で確認するべきなのかについて解説します。

まずは「不具合」とは何かを考えます。ソフトウェアの不具合は一般的に **バグ** と呼ばれ、設計書などに「仕様」として書かれている内容と違う動作をするものを指します。つまり、設計書などで正しい動作が定義されていなければ、何が正しい動作なのか判断できないため、不具合とは呼べません。

契約での用語として **瑕疵** という言葉が使われることもあります。不具合が残っていると、一定の期間はベンダーが無償で修正に応じることが一般的で、「納品から1年」などの期間を契約書で定めることが多いです。

◎ テストで問題に気づく

開発したソフトウェアが正しく動作するか確認する作業を **テスト** といいます。正しいデータや操作を正常に処理できることはもちろんのこと、誤ったデータや操作に対しても異常終了することなく、適切な処理を継続して実行できることを確認しなければなりません。

ここで、ソフトウェアのテストが難しいのは複雑な要因が絡み合う点です。たとえば、開発者の環境では問題なく動作しても、利用者の環境では動かない、ということがあります。

このようなことが起こる原因としては、使われているハードウェアやソフトウェアがそれぞれのパソコンで違うことが挙げられます。OSのバージョンを統一していても、ハードウェアのメーカーが違えばドライバ[1] が違いますし、そのパソコンが搭載している CPU の種類やメモリの容量、ディスプレイのサイズが違うこともあるでしょう。当然、インストールされているアプリも人によってさまざまです。

● パソコンの違い

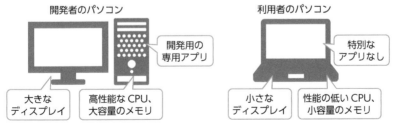

開発者のパソコン　　　　　　　　　利用者のパソコン

開発用の専用アプリ　　特別なアプリなし

大きなディスプレイ　　高性能な CPU、大容量のメモリ　　小さなディスプレイ　　性能の低い CPU、小容量のメモリ

※1　コンピュータに接続したハードウェアを制御・操作するために必要なソフトウェア。

これらをすべて同じにすることは困難です。また、システム開発は大量生産ではなく、個別の仕様に基づいて開発されるものです。同じシステムを何度も作ることはなく、過去の経験がそのまま使えないことも、ソフトウェアのテストを難しくしている要因として挙げられます。

ソフトウェアは工業製品のように単体で使用されるものではなく、複雑に絡み合った要因を想定して開発しなければなりません。こういった要因のすべてのパターンをテストすることは困難だといえます。独自のシステム開発はそれだけ難しいものだという認識を、受発注者の双方が共有しておかなければなりません。

◯ テスト計画書とエビデンス

テストを思いつくままに実施するのは非効率です。抜けや漏れがないように、事前にテストをする内容を考えておきます。

テストを開始する前にはテスト計画書を作成し、どのような目的で何をテストするのか、その具体的な方法やテストの終了基準、スケジュールなどを書いておきます。テスト計画書に沿って、テストデータも用意します。

また、テストを実施したときには、入力や操作に対して得られた結果のハードコピー（画面キャプチャや出力された帳票）を取得し、証拠として残すことがあります。このような検証結果の証拠をエビデンス（証拠）といいます。

開発が終わったあとで不具合が発覚すると、その原因を追及するために、いつテストを実施したのか、どのような内容で実施したのか、という説明を求められます。エビデンスを残しておくことで、あるタイミングでは問題なかったものが、その後の修正で問題が生じたなど、不具合の原因を把握できます。ベンダーが発注者に説明するときにも文書として提示できます。

エビデンスを作成するのは時間がかかります。しかし、「証拠」という言葉が表しているように、エビデンスはテストを実施した証拠です。証拠として機能するように（人に説明できるように）丁寧なエビデンスを作成することが求められます。

なお、発注者から依頼されてシステムを開発するのではなく、自社で開発したシステムによりサービスを運営しているような場合は、このようなエビデンスを作成することはあまり多くありません。自社で運営していると、次から次へと機能が追加されるなど仕様が変わることは日常茶飯事であることに加え、エビデンスを求められることが少ないからです。

1-2 具体的な手法でのテストの分類

POINT

- テストには静的テストと動的テストがあり、さらに機能テストや非機能テストなどに分類できる
- テスト時にソースコードを見ないブラックボックステストと、ソースコードを見るホワイトボックステストがある

テストの分類

1日目で紹介したV字モデルにおいて、単体テスト、結合テスト、システムテスト、受入テストという4つのテストがありました。これらは工程別の分類で、要求分析や要件定義、基本設計、詳細設計というそれぞれの工程と対応していることを示しました。これらの工程別のテストについては、次の節で解説します。

一方で、その具体的な内容は、どのような手法でテストを実施するのかや、品質を確認する際にどこに着目するのかで変わり、いくつかに分類されます。そこで、以下において、それぞれの分類に応じて主なテストの内容を解説します。

実施方法による分類：静的テストと動的テスト

システムのテストは難しいものですが、開発者はさまざまな方法を使って正確なプログラムの開発に努めています。

プログラムを実行することなく、ソースコードを人間が目で見てチェックしたり、専用のチェックツールを使って確認したりすることを静的テストといいます。一方、実際にプログラムを実行して、その動作を確認することを動的テストといいます。

静的テストはプログラムを動作させる必要がないため、ソースコードの一部を実装している最中でも行うことができます。5日目で紹介した静的解析も静的テストの1つです。プログラムを構成する一部しか実装できていない場合、動的テストはできませんが、静的テストであれば可能なケースはよくあります。ただし静的テストは、処理にどのくらいの時間がかかるのかといった実際にプログラム

6日目

1 テストとデバッグの概要

211

を動作させないとわからないことのチェックには向いていません。

一方で、動的テストはプログラムを実行できる状態にしなければ行えませんので、実行可能な状態のソースコードを用意する必要があります。しかし、実際に動作させることで、どの程度の性能が出るのか、使い勝手はどうなのか、といったことを実体験できるのはメリットです。

⬤ 着目点による分類：機能テストと非機能テスト

動的テストのうち、仕様として定められている機能が正しく動作するかを確認するものを機能テストといいます。一般的に、「テスト」というときは機能テストを指します。

一方で、システムとして運用するときには、機能テスト以外にも非機能要件で定めた条件を満たしているかの確認が必要です。これを非機能テストといいます。非機能テストの代表的なものに性能テストやセキュリティに関するテストがあります。

機能テストも非機能テストも動的テストの一種ですが、両者の違いは「仕様で定められている機能に着目するか、それ以外に着目するか」だといえます。機能テストについては多くの人がイメージしやすいため、ここでは非機能テストについて解説します。

代表的な非機能テストである性能テストはパフォーマンステストとも呼ばれ、要件に設定された性能が出るかを確認するために実施されます。たとえば Web アプリの場合は、実際に想定されるアクセス負荷がかかった状況で、「3 秒以内に応答する」「8 秒以内に表示される」などの応答時間が要件として定められることがあります。

そのほかにも、単位時間あたりの処理量（1 分間に応答できる件数やデータ量など）を表すスループットや、利用中の CPU 負荷やメモリ消費量などを表すリソースなどが指標として用いられます。

これらの性能などを測定するときには、システムに対して複数のコンピュータから同時にアクセスするなど一定の負荷をかけます。システムへの負荷を少しずつ上げていき、どの程度のアクセス数まで耐えられるのかを調べることもあります。これをストレステストといいます。

セキュリティに関するテストとしては、後述する脆弱性診断やペネトレーションテスト、侵入テストなどがあります。

テストケースの作成方法による分類：ブラックボックステストとホワイトボックステスト

テストをどのように実施するのかを書いた文書をテスト仕様書といい、テストする内容をテストケースといいます。テストの前提となる条件（ログインが必要な画面であれば、どのユーザーでログインしている状態か、など）に加えて、テストデータとして与えられるもの（入力用のデータ）、実際の操作、そして欲しい結果が書かれています。

このテストケースを作成するときには、ソースコードを見るかどうかで、できることが変わるということに注意が必要です。ソースコードが見られなければ、仕様に書かれていることから内部の動きを想像することしかできません。

しかし、ソースコードを見られれば、そのソースコードで問題になりそうな場所に目星をつけてテストケースを作成できます。

● ブラックボックステスト

ソースコードを見ずにプログラムの入出力だけに注目し、プログラムの動作が仕様どおりかどうかを判定する方法をブラックボックステストといいます。

「あるデータをプログラムに入力したときに、そのプログラムから出力された値が想定していた結果と一致するか」「ある操作を行ったときに求めている動作をするか」などをチェックします。ソフトウェアの開発においては仕様が定められているため、仕様に沿ってテストケースを設定し、それぞれ正しい結果が得られるかを検証します。

実装されたソースコードを見る必要がなく、後述する工程別の 4 つのテスト（単体テスト、結合テスト、システムテスト、受入テスト）のすべてで使われています。

● ホワイトボックステスト

ブラックボックステストとは異なり、ソースコードの中身を見て、各処理に使われている命令や分岐、条件などを、テストケースがどれくらい網羅しているか確認しつつテストを実施する方法としてホワイトボックステストがあります。

ホワイトボックステストのチェック指標として網羅率（カバレッジ）があり、その網羅基準として命令網羅や分岐網羅、条件網羅などが使われます。命令網羅

はすべての命令のうちどれくらいが実行されたか、分岐網羅はすべての分岐のうちどれくらいを通過したか、条件網羅は分岐でのすべての条件のうちどれくらいを網羅したかを表す基準です。ソースコード中のすべての命令、分岐、条件のうちどれくらいに対してテストが実行されたかを調べます。すべてのテストケースの結果が想定したものと同じであればテストを完了できます。

● 命令網羅、分岐網羅、条件網羅

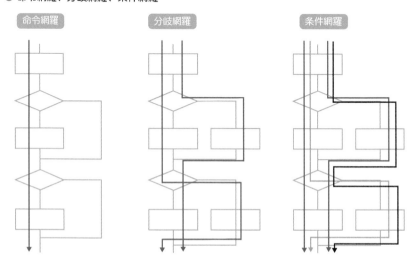

　カバレッジとして100%を実現できるテストケースを用意できれば理想的ですが、実際にはすべてを調べても不具合が0になることはないものです。カバレッジを100%に近づけようと努力してテストケースを用意しても、時間ばかりがかかり、費用対効果は低下します。ベンダーごとにカバレッジの目安を設定し、それを満たすようにテストを実施することが多いです。

　ホワイトボックステストでは通過するパスを調べるだけなので、条件そのものの記述ミスなどを見つけることはできません。ソースコードレビュー[※2]などで見つけられる場合もありますが、このようなバグを発見するにはブラックボックステストが有効です。このため、基本的にはブラックボックステストを実施し、ホワイトボックステストで補完するという手法の使い分けが一般的です。

※2　開発者が書いたソースコードをほかの人が見てレビューすること。

1-3 デバッグとは

● デバッグとは

テストを進める中で不具合が見つかると、それを取り除かなければなりません。このような不具合を取り除く作業をデバッグといいます。なお、デバッグには、不具合がないか探す作業が含まれることもあります。

テストが「正しく動くことを確認する」作業であるのに対し、デバッグは「正しく動かない部分を探して修正する」作業だといえます。いずれも「不具合がないシステムを開発する」という目的は同じであり、工程として分けることはありません。

テストをして問題が見つかったときにはデバッグを行い、修正されたことをテストで再度確認するといった流れが一般的です。

● 机上デバッグ

もっとも単純なデバッグの方法は、人間がソースコードを目で見て誤りがないか確認するものです。コンピュータがどのような処理をしているのか、その動作を頭の中で再現して、どこが間違っているのかを確認する方法です。印刷したソースコードを机の上に並べて確認することから、机上デバッグと呼ばれています。

コンピュータでプログラムを実行しなくても確認できるため、会議室に集まってレビューするような昔ながらの確認を行う場合に便利な方法です。また、情報処理技術者試験などの資格試験を受ける人は、会場ではコンピュータを使えないこともありますので、プログラムがどう動くのかを頭の中でイメージできるよう

6日目

1 テストとデバッグの概要

に、机上デバッグの考え方を理解しておくとよいでしょう。

　昔はプログラムの実行に時間がかかり、コンピュータを使うコストが高かったために、机上デバッグがよく行われていました。しかし、最近ではコンピュータの性能が上がり、コンピュータで実行したほうが安価で確実なため、机上デバッグが行われる機会は減っています。

⬤ print デバッグ

　コンピュータを使ってデバッグするとき、実行中の処理状況を画面に出力する方法がよくとられます。たとえば、プログラムの実行が始まったことや条件分岐で条件を満たしたのかどうかを確認するために、ソースコード中のその部分を処理が通過したことを画面に出力するのです。

　多くのプログラミング言語では、画面に文字を出力するために「print」や「printf」などの関数を使用するため、print デバッグやデバッグプリントなどと呼ばれています。処理が通過したことを確かめるだけであれば、どんな文字を出力してもかまいませんが、変数に格納されている値や関数を呼び出したときに戻ってきた値を確認したいときには、その値を出力します。

　デバッグしたいソースコードに 1 行追加するだけで処理状況を把握できるため、単純な方法ですがよく使われています。

⬤ デバッグツールの使用

　print デバッグはシンプルですが、ソースコードを変更すると実行結果が変わる可能性があります。printf を入れると動くが printf を外すと動かない、といった状況が発生することがあるのです。また、デバッグ用のソースコードが残ったままリリースされると、攻撃者にとってのヒントになる可能性もあります。

　よって、一般的にはデバッグを専門とするツールを使うことを検討します。このようなツールをデバッガ（デバッグツール）といいます。デバッガを使うと、プログラムをソースコードの 1 行単位で止めながら実行し、実行中の変数の値などを確認できます。

　ただし、デバッガを使ってもプログラムの不具合を自動的に修正してくれるわけではなく、あくまでも処理状況を確認できるだけです。

2 工程別の4つのテスト

- ☐ 単体テストと結合テスト
- ☐ システムテストと受入テスト

2-1 単体テストと結合テスト

POINT

- 関数などの小さな単位で実施するテストを単体テストという
- 複数のモジュールを組み合わせて実施するテストを結合テストという
- 結合テストの行い方には、ボトムアップテストとトップダウンテストがある

● 小さな単位からテストする

1日目で開発のV字モデルを紹介しました。要求分析、要件定義、基本設計、詳細設計に対して、それぞれの内容が満たされているかを検証するテストが行われます。

そのうち関数などの小さな単位で実施するのが**単体テスト**（ユニットテスト）です。プログラムの個々の部分が問題なく実装されていることを確認するために行われるテストで、ある入力が与えられたときに想定している出力と同じ値が出力されるかを確認するなどの方法が使われます。

● 関数の入出力を確認する

　詳細設計で決めた内容を満たしているかを確認するもので、それぞれの関数などのソースコードを見ないとテストできないので、開発者でなければその内容を理解することは難しいでしょう。

⬤ 複数のモジュールを組み合わせてテストする

　一般にプログラムは、複数のモジュールと呼ばれる部品を組み合わせて構築されます。複数のモジュールを結合して行うテストを結合テスト（インテグレーションテスト）といいます。

　単体テストが済んでいることを前提として、それぞれがデータをやりとりするインターフェイス（ほかのプログラムから呼び出すときの形式）が一致しているかを確認するためのテストです。

● 単体テストと結合テストの違い

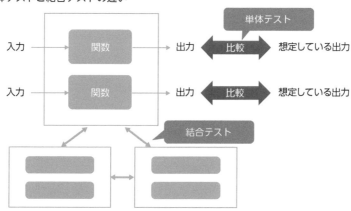

　基本設計で決めた内容を満たしているかを確認するもので、最終的にまとめられたテストの内容や結果は発注者が見ても理解しやすいです。

結合テストの手法：ボトムアップテストとトップダウンテスト

最初からすべてのモジュールを結合してテストすると、うまく動かなかったときにどこが問題なのかわかりません。

結合テストの行い方には、下位のモジュールから順に上位に向けて結合する**ボトムアップテスト**と、上位のモジュールから順に下位に向けて結合する**トップダウンテスト**があります。

● ボトムアップテスト

ボトムアップテストでは、まずテスト対象のモジュールを組み合わせて呼び出す「ドライバ」というプログラムを作成します。ドライバは、上位のモジュールの代わりになるもので、下位のモジュールの処理を呼び出したときに正しい結果が得られるかを確認するために作られます。

● ボトムアップテスト

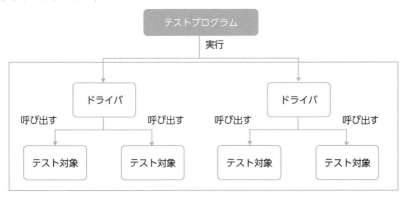

問題なければドライバを本来のモジュールに変更して、その1つ上のモジュールの代わりに下位のモジュールを呼び出すドライバを新たに作成して、同様にテストします。これを最上位に至るまで繰り返し、最終的にすべてのモジュールを組み合わせることができれば完成です。

たとえば、データベースから書籍の一覧を取得して表示するプログラムであれば、最初に蔵書の一覧を抽出するプログラムや、検索条件に一致する一覧を抽出

するプログラムを作成します。そして、それらを呼び出すプログラム（ドライバ）を作成し、一覧が抽出されていることを確認します。その後、その抽出した一覧を画面に表示するプログラムを作成します。

　この方法は、実装とテストを交互に繰り返して進められてわかりやすい一方で、ほぼすべてのソースコードの完成まで全体のイメージがわからないという問題があります。また、毎回ドライバを開発する必要があるため、手間がかかります。

● トップダウンテスト

　トップダウンテストでは、最上位のモジュールから下位に向かってテストを進めます。最初の段階では下位のモジュールができていないため、ダミーのモジュールを作成します。これを「スタブ」といいます。

● トップダウンテスト

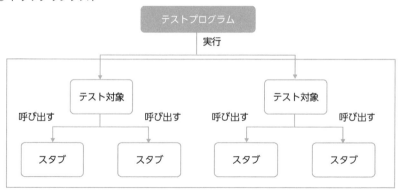

　たとえば、データベースから書籍の一覧を取得して表示するプログラムであれば、最初に蔵書の一覧や検索条件に一致する一覧を表示するプログラムを作成します。そして、常に 0 件のデータを返すようなモジュールをスタブとして作成します。すると、データがなくても画面としては動くことを確認できます。

　その上で、今度は一覧を取得する部分のプログラムを作成します。これにより、早い段階で動作イメージを確認できます。

　単体テストや結合テストが終わると、開発者の環境では設計の内容に沿ったプログラムが問題なく動いていることを確認できます。

2-2 システムテストと受入テスト

 POINT

- 実際のハードウェアなどを使ったシステム全体のテストをシステムテストという
- 開発が完了したシステムに対して発注者側が行うテストを受入テストという

システム全体の動作を確認する

単体テストや結合テストが終わると、基本的にはシステムとして問題なく動くはずです。しかし、それはあくまでも開発者の環境でテストを実施したときの話で、利用者が使う環境でも問題なく動くかはわかりません。

開発者の環境では開発に使う専用のツールが導入されていますので、一般の利用者が使う環境とは異なります。実行に必要なフレームワークやライブラリも利用者の環境で適切な場所に配置されているとは限りません。

コンピュータの性能の違いもあります。開発者が使う高性能な環境では問題なく動いても、利用者の環境ではメモリ不足などが発生して実行できない状況も考えられます。

Webアプリの場合には、単体テストや結合テストを開発環境で実施しても、検証環境や本番環境に移行して確認してみなければ、実際に正しく動くかどうか判断できません。

そこで、実際に使われるハードウェアなどを用いてシステム全体のテストを行います。これをシステムテスト（総合テスト）といいます。開発者が行う最終的なテストで、ここで問題がなければ発注者側にシステムが引き渡されます。

システムテストは、要件定義で定めた機能要件が実装されているかを確認するだけでなく、想定した時間内に処理できるか（性能）、セキュリティ上の不備がないか、システムの負荷は問題ないか、といった非機能要件も確認します。

当然、運用についても考慮し、何らかの障害が発生した場合にどのように復旧するかや、ログの閲覧方法などについても確認します。

6日目

2 工程別の4つのテスト

◉ 発注者側で確認する

システムテストが終わると、今度は発注者側での確認に移ります。これを受入テストといいます。受入テストでは、発注者が希望した機能のうち、要求分析を経て実現すると決まったものが、システムで実現できているかを確認します。

このとき、要求分析の成果物として残した文書と突き合わせをするだけでなく、基本設計の設計書や要件定義書で定めたとおりに動作するかも、発注者目線で確認します。また、実際の業務を想定して、正しく運用できるかを確認します。これには、操作に対する応答速度などの快適さを確かめる意図があります。

さらに、正しい入力に対して正しく動作するかだけでなく、利用者の入力内容に問題があってエラーが発生したときに、表示されたエラーの内容を読んで入力のどこに問題があったか利用者が理解できるか、といった点も確認します。

ただし、「発注者側に専門知識がなく、テストを実施できない」「必要な人員やコストを確保できない」などの理由により、開発会社とは別の事業者に受入テストの一部または全部を委託することもあります。

システムの内容によっては実際に運用してみないと使い勝手を判断できないので、確認のための期間を長く設けることもあります。この場合、実際に運用してから判断することになるため、運用テストと呼ぶこともあります。

なお、大規模なシステムなどは一度にすべてを切り替えると影響が大きいため、最初は一部のユーザーだけに導入して、問題がなければ順次ほかのユーザーに広げていくという導入方法もあります。こういった場合、受入テストの期間は、客観的には定まりにくくなりますので、受発注者双方の協議で定めます。

受入テストで問題がなければ検収となります。通常はこの段階で、契約時に定められた金額の支払いが行われます。

◉ 同値分割と境界値分析

単体テストや結合テストでは、ブラックボックステストもホワイトボックステストも実施できますが、システムテストや受入テストではソースコードを見るわけではないため、ホワイトボックステストはできません。

よって、システムテストや受入テストでは、ブラックボックステストのみを実施することになります。このとき、すべてのデータや操作をテストするのは現実

的ではありません。そこで、うまく工夫して短時間で効率よくテストを行うために、**同値分割**や**境界値分析**（限界値分析）という方法が使われます。

　同値分割は、入力や出力の値を同じように扱えるグループに分けて、それぞれのグループを代表する値を用いてテストする方法です。グループの中から代表的な値を選ぶだけで済むため、すべての値をテストするよりも効率的です。

　たとえば、特定のジャンルの書籍を表示する画面のテストであれば、すべてのジャンルを表示して確認する必要はありません。ジャンルがたくさんある場合は、その中からいくつか選んで表示を確認するだけで十分でしょう。ジャンルとして「文学・評論」から「歴史・時代小説」だけ、「人文・思想」から「宗教」だけを選んでチェックするなど、それぞれのグループから特定の値だけを選んで表示できれば、ほかの値についても問題なく表示できると考えられます。

● 同値分割

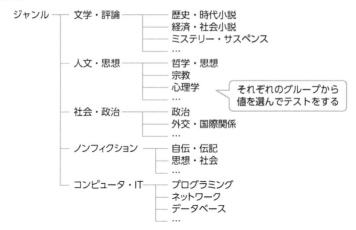

　連続的なデータの場合、その境界付近をチェックすれば十分なことがあります。たとえば、10件ずつページを分けて表示される検索結果の画面をテストする場合、データの件数が2件のとき、3件のとき、4件のときなどで表示が崩れることは考えにくいです。一般的には、検索結果のデータの件数が0件と1件、10件と11件、20件と21件のときなどページが切り替わる件数だけ確認すれば十分で、すべての件数を調べる必要はありません。

　このように境界となる値を使ってテストする方法を境界値分析といいます。

● 境界値分析

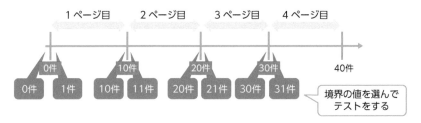

一般的には、同値分割と境界値分析を組み合わせてテストを実施します。

 COLUMN

アルファテストとベータテスト

発注者から発注されて開発するシステムではなく、自社で開発してコンシューマ市場にサービスを提供するシステムであれば、受入テストはありません。代わりに、開発者以外にも完成前のシステムを利用してもらって、その評価を聞きます。このようなテストとしてアルファテストやベータテストなどがあります。

アルファテストは初期版（アルファ版）に対するテストで、完成度が低い状態で使ってもらうものです。不具合が多く、機能も完成していない状態ですが、要望を聞き出すために使われます。テストの実施者はあまり多くなく、ベンダー内の開発者以外の社員などが選ばれることもあります。

ベータテストは製品版に近いもの（ベータ版）に対するテストで、システムとしての完成度は高まっています。このテストは、比較的多くの人に使ってもらって不具合がないか確認するだけでなく、実際に使ってもらった人に SNS などで発信してもらって宣伝効果を上げる意図で行われることもあります。

Web アプリの場合は、ベータ版という名前をつけた状態で長く運用されているサービスもあります。これには、まだ完成ではなく成長を続けているという意味が込められています。

なお、製品によっては、RC 版（リリース候補版）などさまざまな表現で製品版の前のシステムを公開し、事前に使ってもらうこともあります。

3 テストを前提とした開発手法

☐ テスト駆動開発
☐ テストを意識したソースコードの修正

3-1　テスト駆動開発

💡 POINT

> ・テストを先に書き、そのテストに通るようにソースコードを作成
> する方法をテスト駆動開発という
> ・テスト駆動開発では、Red、Green、Refactor という 3 つのス
> テップで開発を進める

⬤ テスト駆動開発とは

　これまでに解説してきたテストは、実装とともに繰り返されるものの、「設計
された仕様に基づいて実装されていることを確認する段階」という位置付けでし
た。このため、実装の工程のあとに実施されるものだといえます。しかし近年で
は、テストが開発を先導するような開発手法が採用されることも増えています。

　テスト駆動開発という開発方法では、V 字モデルの「実装」の段階でテストを前
提として開発を推進します。ソースコードを書く前に、実現したい仕様を「テス
トコード」として先に記述します。テストコードは、本来の機能とは別に、テス
トをするためだけに記述するコードで、実現したいソフトウェアの挙動を自動的
に確認するために作成します。いくつかの入力に対して仕様として出力されるべ
き値を指定し、プログラムから出力される値と比較することで正しい結果が得ら
れているかを確認できます。

こうすることで、実装するときには、記述したソースコードがテストコードのテストに通るかを確認しながら作業を進められ、ソースコードに不具合を作り込むことを防げます。このようにテストコードから書き始める方法は**テストファースト**と呼ばれています。

◎ テスト駆動開発の進め方

テスト駆動開発では、次のような手順を繰り返して開発を進めます。

ステップ1. 要件に合わせた内容だが、現在の開発状況では失敗するテストコードを書く
ステップ2. できる限り早く、テストに通る最小限のソースコードを書く
ステップ3. ソースコードの重複を除去する

たとえば、3日目や4日目で例示した蔵書管理システムで、「1週間でシステム開発の基礎が学べる本」というタイトルの本を検索するプログラムなら、最終的には、検索結果としてこのタイトルの本だけが表示される必要があります。そこで、本を検索したときに表示されるタイトルを確認するテストを作成します。

ステップ1では、「検索結果を確認するテスト」を作成します。具体的には次のような処理をテストコードとして実装します。

- 検索キーワードに「1週間でシステム開発の基礎が学べる本」と入力する
- 検索ボタンを押す
- 検索結果に「1週間でシステム開発の基礎が学べる本」だけが表示されることを確認する

ここで、検索ボタンを押したときの処理が何も実装されていない状態で上記のテスト処理を実行すると、そもそも検索ボタンを押したときの処理が存在しないので、当然エラーになります。このようにテストが失敗してもかまわないので、確認したい内容でテストコードを作成しておきます。

ステップ2では、キーワードを入力して本を検索する処理を実装してテストに通るようにします。ここで、上記のテストを通すだけであれば処理を正確に実装する必要はありません。たとえば、検索キーワードに何が入力されても常に「1週

間でシステム開発の基礎が学べる本」だけを返す処理を実装しても、上記のテストコードは通過します。

そこで次に、違う書籍のタイトルを検索キーワードにしたテストコードを同じように記述します。すると、またテストに失敗します。今度はこのテストに通るように処理を修正するのです。どのような検索キーワードにも対応できるように処理を実装すれば、テストを通過できます。

これを繰り返すうちに、ソースコードを修正したときにテストが失敗することがあるかもしれません。テストに失敗するということは、修正内容が適切でないということであり、ソースコードに不具合が作り込まれたことに気づけます。つまり、テストコードが成功しているか失敗しているかによって不具合があるかどうかの判断を自動化できるため、効率よく開発を進められるのです。

それまでに作成したすべてのテストコードに対して、処理が問題なく動くようになると、ステップ3に進みます。詳しくはあとの項にある「リファクタリング」で解説しますが、ソースコードは保守しやすい形になっている必要があります。ステップ1、2を経た段階でソースコードが保守しにくい状態になっていれば、ステップ3で動作を変えずに（同じ入力に対して同じ結果が得られるように）ソースコードを書き換えて保守しやすい状態を実現します。

テスト駆動開発でよく使われる単体テストツール

このように、テスト駆動開発は開発をテストによって先導するコーディングの手法といえます。この場合のテストは、単体テストまたは結合テストを指しますが、特に、単体テストを効率よく行うために単体テストツールが使われます。代表的な単体テストツールとして、「xUnit」があります。JUnit（Java用の単体テストツール）やPHPUnit（PHP用の単体テストツール）、CppUnit（C++用の単体テストツール）などをまとめて指す言葉で、それぞれの言語にはそれに合わせた単体テストツールが用意されています。

これらのツールでは、テスト結果を「Red（失敗）」「Green（成功）」という2つの色で表現します。すべてのテストがGreenになればテストが完了したことになります。一般的に、上記の3つのステップを「Red」「Green」「Refactor」と表現します。この「Refactor」は次の項にあるリファクタリングを意味します。

テストを意識したソースコードの修正

- プログラムの動作を変えることなくソースコードをよりよい形に修正することをリファクタリングという
- プログラムを変更したときに予想外の影響が出ていないかを確認することをリグレッションテストという

ソースコードの修正が必要になる場面

プログラムには、システムを古いシステムから新しいシステムに移行するときにデータを変換するなど、一度しか使わないものもあります。このようなプログラムでは、「とりあえず動く」ソースコードでも問題ありません。

しかし、何年も使うような基幹システムや複数人が開発に関わる大規模なソフトウェアでは、機能追加や仕様変更がたびたび発生します。当初は丁寧に設計したプログラムであっても、急な機能追加や仕様変更があると場当たり的な対応をして、拡張性などを意識しないソースコードができてしまうことがあります。そうしたことを積み重ねていると、処理の内容を理解するのも困難なソースコードとなっていき、さらなる機能追加や仕様変更があったときにスムーズな改変やメンテナンスが行えなくなってしまいます。

このため、機能追加や仕様変更でソースコードを修正するときに、ソフトウェアそのものの設計にまでさかのぼって変更を行うべきだという考えに至ることはよくあります。これは、変更の内容によっては必要な対応ではありますが、変更部分以外のプログラムについては同じ結果が得られる状態を保ちつつ、ソースコードをよりよい形に修正しなければなりません。修正したことで新たな不具合を埋め込んでしまってはいけないのです。

リファクタリング

プログラムの動作を変えることなく、ソースコードをよりよい形に修正するこ

とを**リファクタリング**といいます。「動作を変えることなく」という部分がポイントで、慎重に作業を進める必要があります。

● リファクタリング

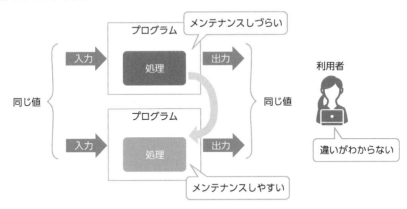

リファクタリングによって動作が変わっていないことを確認するためには、すべてのパターンに対するテストが必要です。膨大なパターンを手作業でテストすることは大変なため、テスト駆動開発のところで紹介したように、現在のプログラムの仕様に沿ったテストコードを事前に作成しておきます。これにより、リファクタリングでソースコードを修正した結果、テストコードの実行結果が変わったら、誤った修正を行ったことがわかります。つまり、テストコードがあることで、誤った修正が行われていないか（不具合が発生していないか）を確認しながら作業を進められるため、安心してリファクタリングできるのです。

また、どの程度修正すれば保守しやすくなるのか判断するために、5日目で紹介した静的解析のソフトウェアメトリックスなどの指標を使います。

◉ リグレッションテスト

システムは一度開発すれば終わりではありません。仕様の変更や機能の追加によりソースコードを変更すると、これまで正しく動いていたものがうまく動かなくなることがあることを説明しました。変更した部分とは一見関係がないように思えるほかの部分に影響を及ぼして、不具合が発生する可能性があるのです。

これはリファクタリングするときの考え方と同じです。動作を変えずにソース

コードを修正するためには、動作が変わっていないことを保証しなければなりません。

　そこで、システムを修正したときにはリグレッションテスト（回帰テスト）を実施します。リグレッションテストは、プログラムの変更によってシステムに予想外の影響が出ていないかを確認するテストです。

　リグレッションテストでは、変更した機能の動作だけを確認するのではなく、変更した部分が影響する可能性がある機能をすべてテストします。このためには、事前に影響を調査する必要があります。

　また、すべての機能をテストすることは時間的に難しい場合もあるでしょう。このため、優先順位をつけて、重要なシステムや影響が発生する可能性が高い機能を中心にテストすることもあります。

　修正するたびにほかの部分に影響が及んでいないかを確認するのは大変なため、可能な限りテストを自動化します。この意味でも、前項で紹介した単体テストツールの使用は有効です。

デグレードへの対応

　ソースコードの変更による不具合には、デグレードもあります。アップグレードの逆で、退化を意味し、ソースコードを変更したことで以前より悪い状態になることを表します。以前修正したはずの不具合が再発してしまうことを指すこともあります。

　デグレードは、ソースコードのバージョン管理に失敗して、古いソースコードに対して新たな修正を行ってしまったために、解消していた不具合が再発するといったことが原因で起こります。開発者が1人であればいつどのような変更を実施したのか覚えておけるかもしれませんが、複数の開発者が開発に参加したり、前任者から引き継いだりすると、変更の履歴がわからなくなることは珍しくありません。

　デグレードを防ぐためには、バージョン管理ソフトを使用して適切にバージョンを管理するだけでなく、テストコードを使ったリファクタリングを行うことで、ソースコードに不具合が作り込まれたときにすぐ気づけるようにすることが必要です。

セキュリティについてのテスト

- ☐ 脆弱性診断の実施
- ☐ 脆弱性診断のあとの対応

 脆弱性診断の実施

💡 POINT

> ・ セキュリティ上の不具合を脆弱性といい、脆弱性がないか調べることを脆弱性診断という
> ・ 脆弱性診断の方法として、脆弱性診断ツールを使う方法と、専門家が手作業で診断する方法がある

◉ 脆弱性とは

　システムを開発したとき、不具合を見つけるためにテストを実施することを紹介しました。ここでいう不具合とは、設計書などに書かれている内容と異なる動作をすることを指しました。つまり、一般的な利用者が想定している動作と異なる動作をするものを意味します。

　一方で、一般的な利用者がシステムを使うときには気づかなくても、攻撃者が管理者権限を乗っ取ったり、データを不正に書き換えたりできる場合があります。このような「セキュリティ上の不具合」を脆弱性といいます。

　脆弱性は開発者も想定していないものが多く、一般的なテストで検出することはできません。開発者やそれ以外の人がセキュリティを考慮し、「攻撃者の視点」で脆弱性がないか調べることを脆弱性診断といいます。

　脆弱性診断にはさまざまな方法があり、そのシステムの重要度（セキュリティ

事故が発生した場合のリスクの許容度）やシステム開発にかけられる予算などによって使い分けられています。

開発したシステムが Web アプリを含むものであれば、プログラムについてだけでなく、そのプログラムが動作する OS や Web サーバー、データベースなどについても脆弱性診断が必要です。このようなネットワーク上で稼働しているコンピュータに対し、既知の技術を用いて侵入を試みて、システムに脆弱性がないかどうかテストする手法をペネトレーションテストや侵入テストと呼びます。

たとえば、ネットワーク上で稼働しているコンピュータのポート※3 へのアクセス可否を調査すれば、そのコンピュータがどのような通信を受け入れるのかが判明します。レンタルサーバーなどにファイルを配置するときは、FTP という手法を使ってファイルを転送するため、そのポートが開いています。もし FTP に対応しているサーバーが古いバージョンのソフトウェアを使っていれば、それをねらわれる可能性があります。攻撃者はサーバーに対してさまざまな調査を実施しているため、普段使わないポートは閉じておくといった対策が有効です。

◉ 脆弱性診断ツール

安価に脆弱性診断を実施したい場合は、脆弱性診断ツールを使う方法が考えられます。たとえば Web アプリの脆弱性を診断したければ、下の表のような脆弱性診断ツールがあり、無料で使用できるものもあります。

● 脆弱性診断ツールの例

ツール名	診断内容	URL
OWASP ZAP	Web アプリの脆弱性診断 （自動検査型）	https://owasp.org
OpenVAS	Web アプリの脆弱性診断 （自動検査型）	https://openvas.org
Fiddler	Web アプリの脆弱性診断 （手動検査型）	https://www.telerik.com/fiddler
Burp Suite	Web アプリの脆弱性診断	https://portswigger.net/burp
Nmap	ポートの開き状況の確認	https://nmap.org

※3　コンピュータが通信するときに使用するプログラムを識別するもの。ネットワーク上では、IP アドレスでコンピュータを識別し、ポートに付与されている「ポート番号」でプログラムを識別する。

このようなツールは、攻撃対象を指定してボタンを押すだけで、あとは自動的にさまざまな攻撃を行い、レポートを生成してくれます。たとえばOWASP ZAPを使用すると、対象のWebサイトのURLを指定して実行するだけで、そのWebサイト内のリンクを順にたどってそれぞれのページに脆弱性がないかを調べてくれます。

ただし、他人の管理するWebサーバーに対して脆弱性診断を実施すると、不正アクセス禁止法などに抵触する可能性があることに注意が必要です。自分が管理するサーバーや、依頼を受けたサーバーに対してのみ実行するようにしましょう。

また、脆弱性診断ツールを使うと、通常の操作ではありえない入力が自動的に行われます。これにより、意図しないデータが登録されたり、既存のデータが削除されたりする可能性があるため、事前にバックアップを取得しておきます。

◎ 専門家による手作業での脆弱性診断

脆弱性診断ツールを使えば、特別なスキルがなくても脆弱性診断を実施できます。しかし、チェックできるのは典型的な攻撃に対する脆弱性だけで、システムの設計上の問題は発見できません。

たとえば、URLの一部を書き換えたときに他人の情報が見えてしまうといった脆弱性があっても、それが見えてもよい情報なのか、見えてはいけない情報なのかはツールでは判断できません。利用者の個人情報が見えていても、ツールはそれが個人情報であることの識別自体ができないのです。

よって、こういった問題を見つけるために、専門家による手作業での診断を実施することがあります。専門家は過去の経験をもとに、脆弱性が存在しそうな処理の見当をつけて、ツールだけでは発見できないような脆弱性の調査を行います。

この方法は脆弱性の検出に役立つものではありますが、料金がかさみます。ツールによる診断だけであれば数万円で実施できますが、専門家による診断となると数十万円から数百万円という金額になってしまうのです。

これは、中小企業のシステム開発費より高い場合もあるでしょう。クレジットカード情報を扱ったり、利用者の機微な情報※4を扱ったりするシステムであれば、そのシステムの重要度を考えて専門家の診断を実施することもありますが、現実的にはツールによる診断しか採用できないことも珍しくありません。

※4　他人に知られたくない情報のこと。病気の内容や前科の有無、借金の金額、信条などが挙げられる。

 脆弱性診断のあとの対応

🔦 POINT

- 脆弱性診断で脆弱性が見つからなくても、脆弱性が存在しないとは言い切れない
- Web アプリの脆弱性については、WAF を使うことも 1 つの選択肢である

🔵 脆弱性診断のあとの対応

　脆弱性診断ツールや専門家による脆弱性診断を行った結果、脆弱性があると判断された場合は、その脆弱性をねらって攻撃を試み、どのような被害が発生するかを確認します。開発環境では問題なくても、本番環境では問題が発生することもありますので、それぞれの環境で確認する必要があります。そして、プログラムの修正によって脆弱性をなくす対応を実施します。

　脆弱性が見つからなかったからといって、脆弱性が存在しないとは言い切れません。あくまでも「その調査方法で実施した範囲に限り、脆弱性が見つからなかった」という診断結果になります。

　専門家の想像が及ばないところに脆弱性が存在している可能性がありますし、ツールで調べられない脆弱性が残っている可能性もあります。「ある」ということはその事例を挙げるだけで証明できますが、「ない」ということは証明することが難しいのです。

　以上を踏まえ、脆弱性がないと判断された場合も見つかった脆弱性への対応を済ませた場合も、そのシステムが扱うデータの重要性などによって、攻撃を受けるリスクへの対応を考えます。

　一般に、リスクへの対応方法として「リスク軽減」「リスク移転」「リスク保有」「リスク回避」が考えられます。システムの脆弱性に関係するリスクについては、複数の調査方法を組み合わせる（リスク軽減）、情報漏えい保険に入る（リスク移転）、ある程度の攻撃は仕方ないと受け入れる（リスク保有）、そもそもシステム開発をしない、または中止する（リスク回避）などの対応があります。

Webアプリの場合はWAFの使用も検討する

　脆弱性診断を実施するのは、開発が終わって本番環境にリリースする前が理想的です。しかし、小規模なシステム開発では費用やスケジュールの都合で実施できない場合があります。企業であっても、過去に開発したWebアプリの保守にお金をかけられなかったり、すでに開発会社との契約が終了してプログラムを修正できなかったりすることはあるでしょう。また、もっと安心できるように脆弱性診断とほかの方法も併用したい、といったことも考えられます。

　こういった場合は、WAF（Web Application Firewall）の導入を検討します。WAFは、Webアプリへの通信内容を確認して典型的な攻撃と判断した通信を遮断するしくみで、ネットワークに設置されるファイアウォール※5と呼ばれる機器と同じような位置付けです。ただし、チェックする内容はWebアプリへの攻撃に特化しています。

　ハードウェアとして提供されるWAFだけでなく、Webサーバーに導入するソフトウェア形式や、SaaS※6によるクラウド形式の運用形態のWAFも登場しており、手軽に導入できる製品が増えています。

　WAFが通信の内容によって攻撃かどうかを判断する方法として、ブラックリスト方式とホワイトリスト方式があります。

● ブラックリスト方式

　クロスサイトスクリプティング（XSS）やSQLインジェクションなど、脆弱性に対する代表的な攻撃パターンを登録しておき、パターンにマッチした通信を不正アクセスと見なす方法です。

　クロスサイトスクリプティングは、Webアプリで利用者がHTMLのタグを含んだ内容を投稿したときに、そのHTMLのタグが解釈されて表示されてしまうことを利用した攻撃です。たとえば掲示板などの利用者が入力するフォームにHTMLの「<script>」というタグを入力すると、悪意のあるプログラムを実行できてしまうことがあります。

6日目

4 セキュリティについてのテスト

※5 ネットワーク上に設置して、決められたルールに沿って通信を制御するしくみ。外部からの不正アクセスや内部からの許可されていない通信などを拒否することで内部のネットワークを保護する。
※6 Software as a Serviceの略で、インターネット経由で提供されるサービスを利用する手法。

● クロスサイトスクリプティング

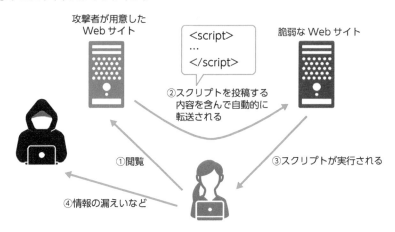

また、SQL インジェクションは、データベースにデータを保存しているプログラムにおいて、利用者が入力する項目に特殊な記号を入力することで、プログラムが想定していない操作を不正に行う攻撃です。たとえば、Web アプリにログインするときにユーザー名の欄に特殊な記号を入力することで、データの改ざんや情報の漏えいを引き起こせてしまうことがあります。

● SQL インジェクション

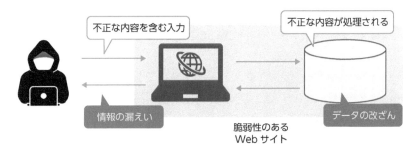

こういった攻撃パターンを WAF に登録しておくことで、登録されているパターンがプログラムへの入力に含まれている通信を「不正」と判定します。

ブラックリスト方式では、よく使われる攻撃パターンだけを登録するため、それ以外の攻撃は防げません。

● ホワイトリスト方式

「正常な通信」の代表的な入力パターンを登録し、リストに存在しないパターンの通信を「不正」と判断する方法です。何が「正常な通信」とされるかは Web アプリケーションの実装によって異なります。

Web アプリはそれぞれの発注者などが求める仕様で実装されているため、その Web アプリがどのように実装されているのか、WAF のメーカーは知る術がありません。

よって、どのような入力が一般的なのかを WAF にホワイトリストとして設定する必要があります。

手作業で定義する労力は膨大なので、一定期間は無条件に通信を許可しておき、その間の通信を学習して自動的にホワイトリストを生成する機能を備えた WAF もあります。たとえば、年月日の「月」を入力するフォームであれば 1 から 12 の値しか入力されないことが学習できますので、それ以外の値が入力されれば不正だと判定できます。

新たな攻撃に備えるには、WAF を導入するだけでなく、常に最新の攻撃手法への対策を反映する運用が重要です。知識のある技術者が社内にいなければ、専門の技術者によって運用されているクラウド型の WAF サービス[7] の導入も有力な選択肢となります。

※7 運用が大変な WAF を自社で構築・運用するのではなく、クラウドで提供される WAF を利用することで、専門家に運用を任せられる。

6
日目

4
セキュリティについてのテスト

◎ 6日目のおさらい

| 問 題

Q1　Webアプリの開発において、性能テストに使われる指標として、正しいものをすべて選んでください。

- A. 応答時間
- B. スループット
- C. リソース
- D. カバレッジ

Q2　プログラムを実行することなくデバッグできる手法として正しいものを選んでください。

- A. printデバッグ
- B. デバッグツールの使用
- C. 机上デバッグ
- D. ベータテスト

Q3　V字モデルにおいて、単体テストと結合テストがそれぞれ対応する工程として、もっとも適切なものを選んでください。

- A. 単体テスト：要件定義、結合テスト：基本設計
- B. 単体テスト：基本設計、結合テスト：詳細設計
- C. 単体テスト：詳細設計、結合テスト：基本設計
- D. 単体テスト：詳細設計、結合テスト：要件定義

Q4

暑い日を、その日の最高気温によって「夏日」「真夏日」「猛暑日」という言葉で分類することがあります。最高気温が入力されたとき、このような言葉を出力するプログラムを考えたとき、境界値分析で使うデータとして、もっとも適切なものを選択してください。なお、夏日、真夏日、猛暑日は、それぞれ最高気温が 25 度以上、30 度以上、35 度以上の日を指します。与えられる気温は整数のみとします。

A. 0 度、10 度、20 度、30 度、40 度、50 度
B. 20 度、25 度、30 度、35 度、40 度、45 度
C. 24 度、25 度、29 度、30 度、34 度、35 度
D. 25 度、30 度、35 度

Q5

テスト駆動開発で使われる 3 つのステップに該当する表現として、もっとも適切なものを選んでください。

A. Reading、Writing、Arithmetic
B. Red、Yellow、Green
C. Red、Green、Blue
D. Red、Green、Refactor

Q6

脆弱性診断について説明した文として、正しいものをすべて選択してください。

A. 専門家が手作業で実施すればすべての脆弱性を見つけられる
B. 脆弱性診断ツールはすべて有料である
C. 脆弱性診断を実施すると、意図しないデータが登録されたり既存のデータが削除されたりする可能性がある
D. WAF を導入すれば、脆弱性診断を実施する必要はない

解答

A1　A、B、C

Web アプリの性能を評価するとき、利用者の画面に表示されるまでの時間が短いと性能が良いと判断できます。このため、A の応答時間は 1 つの指標です。

また、単位時間あたりの処理量であるスループットが多かったり、CPU やメモリの使用量といったリソースに余裕があったりすると、多くの要求をさばけます。つまり、B や C も性能テストの指標となります。

一方でカバレッジは、ソースコード全体のうちテストで実行した経路が占める割合を示す値であり、性能を評価するためには使えません。

➡ P.212〜214

A2　C

机上デバッグは、デバッグをするときに、印刷したソースコードを机の上に並べて確認する方法であり、この場合プログラムを実行する必要はありません。よって、C が正解です。

一方、print デバッグやデバッグツールの使用の場合には、プログラムを実行する必要があります。プログラムを実行してはじめて、その処理中の状態が表示されるためです。

なお、ベータテストは、開発がある程度完了したプログラムを一般の関心層など比較的多くの人に公開して、実際に使ってもらいながら動作を確認するものです。このため、プログラムを実行しないと結果を確認できません。

➡ P.215〜216、224

A3 C

1 日目でも紹介した V 字モデルでは、要求分析、要件定義、基本設計、詳細設計に対して、それぞれ受入テスト、システムテスト、結合テスト、単体テストが対応します。

つまり、単体テストに対応するのは詳細設計、結合テストに対応するのは基本設計で、C が正解です。

➡ P.217〜218

A4 C

境界値分析では、連続的なデータの境界付近をチェックします。つまり、A や B のように境界とは関係ないデータを調べても意味がありません。また、D のように境界の片側だけを調べると、その値が適切に分類されていることはわかりますが、そのほかの値が適切に分類されているかは判断できません。

そこで、C のように境界の前後の値を調べます。

➡ P.222〜224

A5 D

テスト駆動開発の 3 ステップは Red、Green、Refactor なので D が正解です。A は読み書きそろばん、B は信号の色、C は光の三原色を表しています。

➡ P.227

A6 C

専門家が手作業で脆弱性診断を実施しても、すべての脆弱性を見つけられるわけではないので、A は不適切です。

また、無料で利用できる脆弱性診断ツールはいくつも提供されているため、B も不適切です。

脆弱性診断を実施すると、意図しないデータが登録されたり既存のデータが削除されたりする可能性があることは本文中にも記載があるとおりで C は正しいといえます。

WAF を導入しても、すべての脆弱性を防げるとは限らないため、可能であれば脆弱性診断と併用すべきです。このため、D も不適切です。

よって、C のみが適切だといえます。

➡ P.232〜233、235〜237

7 日目

システム完成後の業務について学ぶ

1 システムのリリースとは
2 運用と保守
3 バージョンの管理

1 システムのリリース とは

☐ 納品と検収
☐ デプロイとリリース、ローンチ

1-1 納品と検収

 POINT

- ベンダーが発注者にシステムを納めることを納品という
- 納品された内容を発注者が確認する作業を検収という
- システム運用開始後1年程度の間に不具合が見つかった場合には、ベンダーが無償対応することが一般的
- 納品という考え方をなくして、常に改善を続けるような契約もある

🔘 納品

　6日目で「受入テストで問題がなければ検収」だと解説したように、受入テストで問題がなければシステムの開発は完了です。開発が完了すると、ベンダーは発注者にシステムを納めます。これを納品といいます。

　納品する内容は、一般的に契約時の資料に記載されています。多くの場合、システムを構成するプログラム（実行ファイル）だけでなく、そのソースコードやテスト資料、マニュアルなどを合わせて、納品書とともに納品します。

　ただし、開発したシステムがWebアプリであり、開発完了後もそのシステムの運用を同じベンダーに任せる場合には、プログラムやソースコードをもらっても発注者が使うことはありません。よってこの場合は、テスト資料やマニュアルなど確認に必要なものだけを受け取ることが一般的で、システムがWebサー

バー上に設置されて公開されたことをもって納品とすることもあります。

　テスト資料を受け取っても発注者が見ないのであれば、契約書にも納品物として記載せず、マニュアルだけを受け取ることもあります。最近では、マニュアルも電子化されており、PDF で提供されたり、Web アプリの画面内に表示されたりするため、納品されるものは昔より少ない傾向があります。

◉ 検収

　システムがベンダーから納品されると、発注者は検収を行います。検収は、納品されたもの（ソースコードやテスト資料、マニュアルなど）を見て、発注したときの仕様や契約内容に合っているかを確認する作業です。これらに問題がなければ、検収書を作成・押印し、ベンダーに渡します。

　検収が完了すると、正式に受け取ったものとして扱われ、ベンダーからの請求に対する支払いに進みます。検収の前の段階で不具合が見つかった場合はベンダー側のミスと見なされますが、検収が終わったあとに不具合が見つかった場合は発注者側のミスと見なされます。

　ただし、システムは使ってみないと中身がどのようになっているのか判断できない部分もあります。たとえば、半年に 1 度しか使わない機能であれば、そのときになってはじめて判明する不具合もあるでしょう。

　よって 6 日目で紹介したように、検収が終わってシステムの運用が始まっても 1 年程度の間に不具合が見つかった場合には、ベンダーが無償で対応することが一般的です。これを契約不適合責任（旧：瑕疵担保責任）といいます。

　契約不適合責任の期間は民法で定められています。2020 年までは、瑕疵担保責任と呼ばれ、その期間が「納品から 1 年」と定められていました。しかし、2020 年の民法改正により、その施行よりあとの契約では契約不適合責任と名称が変わり、「発注者がその不具合の存在を知ったときから 1 年」と変更になりました。ただし、不具合の存在を知ってベンダーに通知したとしても、対応の請求をしなかった（権利を行使しなかった）場合、ベンダー側にいつまでも責任を負う必要があるわけではなく、その時効は「不具合を発見してから 5 年」「納品から 10 年」とされています。

7
日目

1 システムのリリースとは

● 瑕疵担保責任と契約不適合責任

	旧民法	改正民法
責任の名称	瑕疵担保責任	契約不適合責任
発注者が請求できる 内容	・契約解除 ・損害賠償請求	・契約解除 ・損害賠償請求 ・追完請求（不具合の修正） ・代金減額請求
権利を主張できる期間	納品後 1 年	契約不適合を知ってから 1 年
権利を行使できる時効	納品後 10 年	不具合を発見してから 5 年、納品後 10 年

納品のないシステム開発

　最初から仕様が明確に定まっており、完成したシステムをずっとそのまま使いつづけるのなら問題はないのですが、多くの場合は開発完了後に実現したいことが次から次へと出てきます。

　そのため、開発が終わって検収しても、すぐにそのシステムに対する修正が始まることがあります。こうなると、不具合が発生しても、検収のタイミングですでに存在したのか、あとから追加開発をしたことで不具合が発生したのか発注者にはわからない状況になります。

　デスクトップアプリであれば、前のバージョンを動かせばその動作を検証できますが、Web アプリの場合は新しいバージョンに切り替わると前のバージョンにはアクセスできません。

　こうしたことを背景として、納品という考え方をなくして、常に改善を続けるような契約を採用することが増えています。後述するような運用の体制と合わせて、システム開発のあり方は時代とともに変わっていくのかもしれません。

参考

期限までにシステム開発が終わらない場合

問題なくシステムの開発が進み、納品、検収と進んだ場合はよいのですが、プロジェクトによってはスケジュールどおりに進まないことがあります。いつまで経っても開発が終わらないと、発注者は困ってしまいます。このとき、いくつかの対応方法が考えられます。

開発に少しだけ遅れが発生していて、スケジュールをずらしても問題ないならば、単純に予定を変更します。金額は変えずにスケジュールだけを遅らせれば、問題なくシステム開発は完了するかもしれません。

開発を進めていたけれど、技術的な問題にぶつかったという場合もあるでしょう。ベンダーの開発スキルが不足していたり、発注側の要望が複雑すぎて実装できなかったりということはありえます。また、特許や法律などの問題が絡んでいて、実現することが現実的でない状況も考えられます。こういった場合は、双方で協力してトラブルを解決するため、ベンダーに支払う金額を調整することもあります。

仕様変更をめぐるトラブルもあります。発注者が見積に含まれていると考えていた仕様について、ベンダーは含まれていないと考えていた場合、費用負担をどうするかという問題が発生します。追加の費用負担に合意できれば問題ありませんが、追加費用について事前に決めておかないと揉める可能性があります。

システム開発が予定どおりに終わらず、発注者側に損害が発生した場合は、損害賠償が請求されることがあります。ただし、業務内容によっては損害が莫大な金額になり、ベンダーが支払えない可能性も考えられます。

たとえば、300万円のシステム開発を受注したにもかかわらず、そのシステムが完成しなかったことで1億円の損害を請求されてもベンダーは困ってしまうでしょう。よって、契約の時点であらかじめ損害賠償の上限が決められていることが一般的です。システム開発の受注金額を上限とする場合、300万円のシステム開発では損害賠償の上限金額も300万円となります。

7
日目

1
システムのリリースとは

7日目

1-2 デプロイとリリース、ローンチ

💡 POINT

- 開発したシステムを利用者が使える状態にすることをリリースという
- デプロイ時に影響が出ないように、ブルーグリーンデプロイやローリングデプロイなどの方法が使われる
- 新しいシステムをリリースすることをローンチという

◉ デプロイとリリースの違い

Webアプリを開発するとき、すぐに動作を確認したければWebサーバー上でファイルを直接編集する方法が考えられます。しかし、Webサーバー上のファイルを変更すると、変更ミスでエラーが発生したり不具合を作り込んだりする可能性があります。新規のシステム開発であれば問題なくても、既存のシステムを変更すると、そのタイミングでシステムを利用している人に影響が出ます。

また、開発途中のものを公開すると、セキュリティ上の問題が生じるかもしれません。そこで、開発は開発環境、検証は検証環境、実際の動作確認は本番環境で行う、というように目的別にいくつかの環境に分けて開発を進めます。

制作したWebサイトや開発したWebアプリ、設定ファイルなどをほかの環境に移行することをデプロイといいました。本番環境に移行することで利用者が使える状態になりますが、デプロイは本番環境に移行することだけでなく、開発環境から検証環境に移行することを指すこともあります。

システムを開発しただけではほかの人に知ってもらうことができないので、新しいシステムを多くの人に使ってもらうために、企業がプレスリリースを出すことがあります。これは報道機関向けに告知することを意味します。これと同じように、開発したシステムを利用者に知ってもらい、実際に使ってもらえる状態にすることをリリースと呼ぶことがあります。

Webアプリ以外のシステムの場合、それを使うには利用者の端末にインストールする必要があります。よって、リリースされたものをインストールし、利用者の端末で使えるようにする作業までを含めてデプロイということもあります。

デプロイの手法

Webアプリをデプロイするとき、多くのファイルをコピーすると、その配置に時間がかかります。コピー中のタイミングでWebサーバーにアクセスしてきた利用者の端末では、古いバージョンのプログラムと新しいバージョンのプログラムが混在する状態になり、挙動がおかしくなったりエラーが発生したりします。

これを防ぐために、デプロイするときにはシステムの一時的な停止や、Webサーバーの再起動が必要になることもあります。数時間の停止が許されるのであれば、あらかじめ告知してメンテナンスすることを検討します。

しかし、企業のショッピングサイトのようなシステムでは、24時間365日いつでも使えることが当たり前になっています。このようなシステムでは、短時間の停止も許されない状況があります。

そこで、サービスを停止せずにデプロイする方法として、ブルーグリーンデプロイがあります。これは「ブルー」と「グリーン」という2つのサーバーを用意して切り替える方法です。旧システムが「ブルー」のサーバーで動いていれば、新システムは「グリーン」のサーバーに用意します。

● ブルーグリーンデプロイ

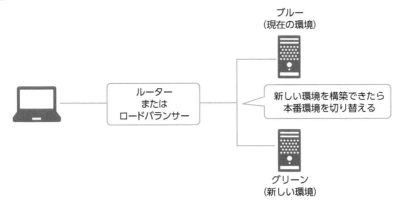

新システムがグリーンのサーバーで正しく動作することを確認してから、ネットワークの接続をブルーからグリーンのサーバーに切り替えることで、停止時間を最小限に抑えられます。また、切り替えたあとで問題が発覚しても、すぐにも

との環境に戻せます[※1]。

　この切り替えの部分には、ルーターやロードバランサーという機器を使います。ロードバランサーは負荷分散装置とも呼ばれ、一般的にはシステムに対するアクセスを複数のサーバーに振り分けるために使われます。特定のサーバーに大きな負荷がかかることを避けるためのものですが、ここではブルーとグリーンの2つのサーバーへのアクセスを振り分けるために使用しています。

　1つのレンタルサーバーしか契約していない場合は、複数のディレクトリを用意してリンクを切り替える方法がよく使われます。旧システムをディレクトリAで運用しているときは、最初ディレクトリAにリンクしています。この状態で新システムをディレクトリBに配置し、動作の確認が完了したらリンク先をディレクトリBに切り替えます。これにより、停止する時間を最小限に抑えられますし、問題が発生してもすぐにもとの環境に戻せます。

● リンクの切り替え

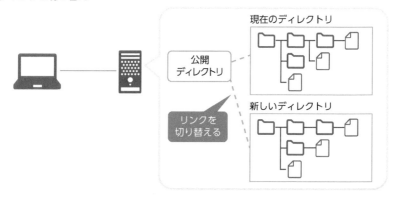

　すべての利用者をまとめて新システムに移行するのではなく、一部の利用者だけを新システムに移行して様子を見る方法もあります。これは、ローリングデプロイと呼ばれています。複数のサーバーを用意しておき、ロードバランサーを用いて、一部のユーザーだけを新しいサーバーに振り分ける方法です。少しずつ利用者を新しいサーバーに振り分けていくことで、問題の発生する利用者を最低限に抑えることができます。

※1　ここではアプリの移行についてのみ考える。実際の運用で、データベースの変更を伴うような場合には、複雑な移行手順が必要である。

　このような方法は**カナリアリリース**[※2]とも呼ばれ、一部の利用者に新機能を試しに使ってもらって、そのフィードバックを得ながら開発を進める目的で使われることもあります。

● カナリアリリース

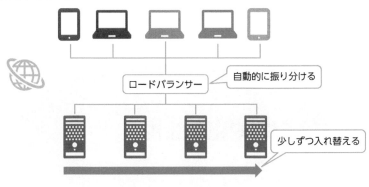

ロードバランサー　←　自動的に振り分ける

少しずつ入れ替える

⚙ ローンチ

　デプロイやリリースと似た言葉として**ローンチ**があります。ローンチはロケットの「打ち上げ」を意味する言葉であることから、新しいシステムを発表するときに使われることが多く、既存のシステムに対する機能追加やバージョンアップなどのときには使われない言葉です。

　一方のデプロイやリリースは機能追加やバージョンアップなど、変更が発生したときにそれを配置、公開する意味でよく使われます。

※2　昔、有毒ガスが出ているかもしれない炭鉱に人が列をなして入るとき、ガスに敏感に反応するカナリアのカゴを先頭の人が持ったことに由来する言葉。新システムを先行して利用する人をカナリアにたとえている。

2 運用と保守

- ☐ 障害対応と監視
- ☐ 保守契約と機能追加

2-1 障害対応と監視

POINT

- ・ システムが使えないような状態を障害という
- ・ 障害に対応するためにはログが役に立つ
- ・ ログなどの監視には正常監視と異常監視がある

◉ 障害とは

　システムの運用を開始したあとで、何らかの原因でシステムが停止したり、応答するまでにいつもより時間がかかったりすることがあります。このように、システムが使えなかったり、使い物にならなかったりする状態を障害といいます。

　パソコンのメモリ不足など利用者側の問題で起きる障害もありますが、サーバー側で障害が発生すると影響が大きいため、早期に対処する必要があります。

　Web アプリで障害が発生する原因はさまざまです。たとえば、Web アプリがメディアや SNS などで取り上げられて話題になることで、短期間にアクセスが集中するといった状況が考えられます。この場合は、アクセス数が落ち着くまで待てば、Web サイトにつながりにくい状態は解消する可能性がありますが、このような障害が頻繁に発生するならサーバーの性能不足を疑う必要があります。

　ほかに、ハードウェアの障害もあります。サーバーのメモリやハードディスクなどは信頼性が高いものが使われていますが、何らかの原因で壊れる可能性があ

ります。地震や火事、水害のような災害のほか、落雷などによる停電で一時的に使用できなくなることもあるでしょう。

こういった障害には、複数のサーバーを用意する対策が考えられます。障害が発生したサーバーをほかのサーバーに切り替えてサービスを継続する方法で、これを冗長化といいます。サーバーだけでなく、電源やネットワーク、バッチ処理で自動的に帳票を出力するプリンターなども冗長化を検討する必要があります。

冗長化については、障害が発生したときに備えるだけでなく、普段からアクセスを分散させておくことでアクセスの急増に対応する負荷分散という考え方もあります。これは、前節で紹介したカナリアリリースのように、複数の Web サーバーを用意し、アクセスを自動的に振り分ける手法です。

障害への対応

障害が発生したときには、それを最短の時間で復旧させる必要があります。速やかに対応するには、障害の原因を調べることから始めます。

このときに役立つのがログです。ログはシステムの利用状況などを記録したもので、たいていのシステムはログを出力できるようになっています。正常時の状況を把握したり、異常時の原因を追及したりするために使われます。

たとえば Web サーバーのアクセスログには、「いつ」「どの IP アドレスから」「どのファイルに」「どんな Web ブラウザから」アクセスがあったのかという情報が記録されています。そして、それに対する Web サーバーの応答が成功したのか失敗したのかという情報も記録されています。それゆえ、このアクセスログを見ることで、どの時間帯のアクセスが多いのか、どういった Web ブラウザを使用している人が多いのかといった情報のほか、障害が発生したときには、どのような原因で応答に失敗したのかを知ることができます。

● Web サーバーへのアクセスログの例

Webサーバー のホスト名	アクセスした人の IPアドレス	アクセス 日時	要求内容	ステータス コード	直前に見ていた ページのURL

```
example.com 210.162.51.81 - - [27/Mar/2023:08:52:48 +0900] "GET / HTTP/2.0" 200 5666 "https://www.example.jp/"
"Mozilla/5.0 (Windows NT 10.0; Win64; x64) AppleWebKit/537.36 (KHTML, like Gecko) Chrome/103.0.5060.134 Safari/537.36
Edg/103.0.1264.71"
```

アクセスした人が 使用しているWebブラウザ

ただし、普段からログを確認しておかないと、そのログの内容が通常の状態なのか、異常な状態なのか判断できません。「アクセス数が急増している」と判断するには、普段のアクセス数を把握しておく必要があるのです。また、普段からログを確認しておき、攻撃の兆候を検知すればその通信を遮断するなどの対応を実施することで、サーバーに対する攻撃などを予防することにもつながります。

このように、ログの記録には障害が発生したときの「事後調査」だけでなく「予兆検知」や「不正抑止」の目的もあります。

● ログの役割

ログによって障害の原因が判明したら、復旧方法を検討します。たとえばアクセスの集中が原因であれば、アクセス数が落ち着くまで待つか、サーバーの性能を上げたり、負荷分散を実施したりすることが考えられます。メモリが不足していれば、不要なプログラムを停止したり、再起動したりといった対応が挙げられます。ハードディスクなどの容量不足であれば、不要なファイルを削除したり、ディスクを追加したりといった対応があります。

🔘 監視

前の項目では障害が発生したときの対応を紹介しましたが、障害が発生する前の段階で検知できればその発生を防げるかもしれません。また、障害が発生した場合に速やかに対応できる可能性が高まります。

トラブルを未然に防ぐとともにトラブルの発生に速やかに対応するために必要なのが、ログなどの監視です。監視の考え方は、大きく2つに分けられます。

1つ目の考え方は異常監視です。障害の発生だけでなく、負荷が高まっている、処理が遅延している、外部から攻撃を受けているなど、何らかの異常が発生していないかを監視することで、こういった異常が見られたときに管理者に通知する

しくみを作ります。たとえば、CPU の使用率が一定の割合を超えたら管理者に
メールする、プログラムがある時間の段階で終了していなければチャットツール
に自動投稿する、攻撃を検知したら監視室のランプを点灯させるなどのしくみが
よく使われます。これは、コンピュータからの通知が起点となるため、運用担当
者は受動的な立場だといえます。

　もう 1 つの考え方は**正常監視**です。サーバーへのアクセス負荷やログなどを定
期的に確認することで、通常の状態を把握しておきます。たとえば、CPU の負荷
やメモリの使用量などをグラフにして、その傾向を把握します。これにより、異
常につながる変化の兆しに気づける可能性があります。正常な状態はコンピュー
タから通知されることはないため、運用担当者が能動的に確認する必要がありま
す。

● メモリ使用量のグラフの例

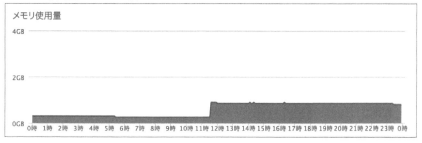

多くの企業で使われているようなソフトウェアにはログを出力する機能や設定
があるのが一般的ですが、自社で開発したシステムであれば、監視や障害対応を
考慮してログを出力できるようにしておく必要があります。役割分担としては、
発注者がログを見ることはなく、ベンダーの担当者が確認します。ログを確認で
きないと困るのはベンダーの担当者ですから、取得しておくログの内容はベン
ダーに任されることが一般的です。ただし、障害が発生したときにログが取得さ
れておらず原因がわからないと、発注者も困ってしまいます。そこで、発注の段
階では、ベンダーがどのようなログを取得できるのかを発注者としても確認して
おくとよいでしょう。

7
日目

2

運用と保守

保守契約と機能追加

POINT

- ・ システムを開発したときは、運用後のサポートを依頼するため保守契約を締結する
- ・ 機能追加などの追加開発に対応するには、将来の保守を考慮して開発し、プログラミング言語やフレームワークを選定しておく必要がある

◉ 保守契約

　企業でパソコンやプリンターなどを購入するとき、購入代金を支払うだけでなく保守契約を締結することが一般的です。パソコンが起動しない、プリンターが正しく動作しないとなったときに、保守契約を締結していないと自分で対処しなければなりません。

　このため、技術的な質問に対するサポートや、不具合の修正、最新版への更新などを受けられるような契約がよく使われます。月額定額料金の契約が多く、1ヶ月単位で対応内容が決められています。その範囲内であれば対応が発生しても発生しなくても同じ料金です。

　これはパソコンやプリンターだけでなく、独自のシステムを開発したときも同じです。開発したシステムに使われているフレームワークやライブラリに見つかった脆弱性への対応や、技術的な質問への対応、定期的なメンテナンス作業などが保守契約には含まれています。

　もちろん、不具合に関しては契約不適合責任の範囲内で修正されますが、それ以外にもシステムを安定稼働させるためには、保守契約の締結が必要です。

　筆者の知る限りでは、システム開発の費用の10%から20%程度を年間保守費用として設定するケースが多いようです。たとえば、500万円かけてシステムを開発した場合、保守費用は年間50万円から100万円という具合です。

　問題が起きなくても支払いが発生するため、保守契約は無駄だと考える人もいますが、何かトラブルが発生したときに、保守契約がないと何もできません。問

題が発生してから対応してくれる会社を探すと時間がかかりますし、費用が高額になる可能性があります。保険の意味も込めて、保守契約は必須だといえます。

追加開発

システムの開発が完了すると、それで一段落だと考えるかもしれません。しかし、多くの場合はシステムの運用を開始すると、利用者から機能追加の要望が出てきます。このような要望に対応するには、追加開発が必要です。

保守契約を締結していても、機能の追加はその範囲外であり、追加の費用が発生します。一般的にはそのシステムを開発したベンダーに追加開発を依頼することになります。

納品時のソースコードや資料が揃っていれば、依頼先を変えることもできますが、その場合、新たな依頼先はシステムを開発したときのノウハウや設計の詳細まではわからないことが多いため、費用が高くなることが予想されます。さらに、別の開発者がソースコードを修正すると、もとのベンダーにそのあとの保守を依頼しても断られる可能性が高くなります。別の開発者の手が入った時点で、もとのベンダーではその影響範囲を調べることが難しくなるためです。

このように、システム開発を依頼するときは、当初の開発だけを考えるのではなく、将来的な追加や修正、運用といった部分も検討しておくことが重要です。

また、将来の機能追加を考慮して、ベンダーの開発体制について確認しておく必要もあります。開発チームに高いスキルを持つ開発者が1人しかいない場合、その人のスキルに依存してしまうことがあります。人事異動や転職、契約期間の終了などで、当初の開発者がいなくなると、開発したシステムを保守できる人がいなくなる可能性があるのです。

多くの企業で使われているプログラミング言語を採用しておけば、開発者が少ないために保守できないといった状況を回避しやすくなるでしょう。また、よく使われるフレームワークを採用してシステムを開発しておけば、柔軟な開発ができなくなる可能性はありますが、開発者が入れ替わっても長期間にわたって人材を確保しやすくなります。

このため、ベンダーがどのようなプログラミング言語やフレームワークを使用しているのかは、発注者も把握しておくとよいでしょう。

3 バージョンの管理

☐ システムのバージョン
☐ バージョンアップとサポート期間

3-1 システムのバージョン

 POINT

- ソフトウェアにはバージョンを識別するためにバージョン番号が
  つけられている
- 一般的なバージョン番号以外にもビルド番号などが使われること
  がある

● バージョン番号の付与

　ソフトウェアに継続的に変更を加えていくとき、それぞれのバージョンを区別するためにバージョン番号という番号がつけられます。

　バージョン番号は開発者が自由につけられるため、そのつけ方は開発者によって異なります。Windows のように、商品としてつけられているバージョンの表記と、内部で使われているバージョン番号が異なる例もあります。

　バージョンは一般的に、後掲の表で示す Windows の内部で使われているバージョン番号のように、2 つまたは 3 つの数字を使って表現します。3 つの場合、一番左の値をメジャーバージョン、真ん中をマイナーバージョン、右端をパッチバージョンといいます。いずれも、番号が大きいと新しいことを表します。

● Windows のバージョン

商品としてのバージョン	内部でのバージョン番号※3
Windows 3.1	3.1
Windows 95	4.0
Windows 98	4.1
Windows Me	4.9
Windows 2000	5.0
Windows XP	5.1
Windows Vista	6.0
Windows 7	6.1
Windows 8	6.2
Windows 8.1	6.3
Windows 10	10.0
Windows 11	10.0

7
日目

3
バージョンの管理

　システムの大規模な機能追加などを行ったときは、メジャーバージョンを 1 つ上げることが一般的です。たとえば、バージョン番号が 2.3.1 のシステムのメジャーバージョンを上げると 3.0.0 となります。このようにメジャーバージョンが変わるときは、過去のシステムと互換性が確保されないことがあります。

　小規模な機能追加であればマイナーバージョンを変更します。たとえばバージョン番号が 2.3.1 のシステムのマイナーバージョンを上げると、2.4.0 となります。このようにメジャーバージョンはそのままでマイナーバージョンが変わるときは、それほど大きな変更ではないため、過去のシステムとの互換性は確保されることが多いです。

　不具合の修正など、ちょっとした修正のときには、パッチバージョンを変更します。たとえばバージョン番号が 2.3.1 のシステムのパッチバージョンを上げると、2.3.2 となります。パッチという名前は「あて布」という意味で、服の破れた部分に上から布をあてるイメージです。「パッチをあてる」というように使われ、パッチバージョンのみを変更するときには、既存の機能は変えずに問題点だけを修正します。このため、パッチバージョンが変わるときは、トラブルが少ないです。

※3　Windows の内部でのバージョン番号を調べるには、コマンドプロンプトを開いて「ver」というコマンドを実行する。Windows 11 でも内部のバージョンが 10.0 であることがわかる。

🔘 ベンダーでのバージョン管理

　5日目ではバージョン管理ソフトの活用を紹介しました。これは、個々のソースコードを変更したときにその変更点を管理するために使われます。

　システムに付与されるバージョン番号は、ソースコードのバージョンとは別です。システムのバージョンを変更するときは、個別のソースコードの変更ではなく開発者が修正したものを取りまとめてバージョン番号を1つ付与します。

　また、コンパイル型のプログラミング言語では、実行ファイルを生成するためにビルドという作業が必要です。ビルドをするたびに番号を増やすことでシステムのバージョンを表現する場合に使われる番号を、ビルド番号といいます。

　たとえば Windows であれば、設定画面からシステムのバージョン情報を見ると、「OS ビルド」という項目があり、ここでビルド番号を確認できます。Word や Excel などでも、バージョン情報を表示すると、ビルド番号を確認できます。

● ビルド番号の表示

　利用者がビルド番号を意識することはあまりありませんが、これを見ると、開発者はメジャーバージョン、マイナーバージョン、パッチバージョンよりも細かい単位でバージョンを管理していることがわかります。

　リリースするときに設定ファイルに記載してそのバージョンのバージョン番号を指定することもありますし、ビルドするたびにビルド番号を自動的に更新するシステムもあります。これらのバージョンは、バージョン管理ソフトで管理されるものとは別に管理されています。

 **バージョンアップとサポート期間**

💀 POINT

- ・一般の利用者であれば更新プログラムはすぐに適用して問題ないが、サーバーなどでは適用する前に注意が必要である
- ・メジャーバージョンが上がることをバージョンアップといい、システムの内容が大幅に変わる可能性がある
- ・サポート期間の間であれば更新プログラムなどが提供され、問い合わせ対応も受けられる

🔘 更新プログラム

ソフトウェアに不具合や脆弱性が見つかったときには、ベンダーから更新プログラム（修正プログラム）が提供されることがあります。不具合や脆弱性の修正だけであれば、メジャーバージョンは変更されず、マイナーバージョンやパッチバージョンだけが変更されます。

Windows Update や Microsoft Office の更新プログラム、macOS や iOS などのソフトウェアアップデートでは、脆弱性の修正や機能追加が行われることがあります。無料で提供されるため、適用して新機能を試している人も多いでしょう。

● Windows Update の画面

Windows Update

🔄 　更新プログラムを確認しています…　　　　　　　　　　　　　　　　　　　　　　[更新プログラムのチェック]

その他のオプション

| ⏸ | 更新の一時停止 | 1 週間一時停止する ˅ |

| 🕐 | 更新の履歴 | › |

| ⚙ | 詳細オプション
配信の最適化、オプションの更新プログラム、アクティブ時間、その他の更新設定 | › |

| 👥 | Windows Insider Program
Windows のプレビュー ビルドを入手して、新しい機能と更新プログラムのフィードバックを共有できます | › |

7
日目

3
バージョンの管理

　個人で使うときは自己責任なので、最新の内容が提供されればすぐに適用しても問題ないでしょう。問題が発生しても、影響を受けるのは自分だけです。もちろん、ほかの人が適用するのを待って、その結果を SNS などでチェックしてから適用する人もいるでしょう。

　しかし、会社で使うシステムでは、安易に更新プログラムを適用できません。たとえば、サーバーに更新プログラムを適用したことでシステムが動かなくなると、そのシステムの利用者全員に影響が出てしまいます。

　よって、基本的には検証環境などで更新プログラムを適用して、影響が出ないことを確認してから本番環境に適用します。適用するタイミングについてはベンダーが判断することになりますが、発注者は個人で使っている一般のソフトウェアとは更新の適用についての考え方が違うことを認識しておく必要があります。

◎ バージョンアップ

　一般的に、メジャーバージョンが変更になったときにシステムに新しいバージョンを適用することをバージョンアップといいます[4]。

　システム開発の現場でもバージョンアップを実施します。プログラミング言語がバージョンアップするとプログラムが速くなったり、同じ機能を簡単に実装できるようになったりします。また、フレームワークがバージョンアップすると、便利な機能を使えるようになることがあります。

　このようにバージョンアップにはメリットがたくさんある一方で、既存の機能に対するサポートが終了になることがあります。プログラミング言語がバージョンアップすると、それまでのソースコードとの互換性がなくなり、既存のシステムが動かなくなることは珍しくありません。

　システムそのものには機能の追加や修正といった変更を加えていないのに、プログラミング言語のサポート終了やフレームワークのバージョンアップによって、利用者が使うシステムの見た目が変わったり、プログラムの修正が必要になったりすることもあります。

　さらに、システムの使い勝手が変わり、利用者が使い方を学び直さなければならない状況が発生することもあります。脆弱性の修正程度であればシステムの挙

※ 4　マイナーバージョンやパッチバージョンが変わることは、マイナーバージョンアップやリビジョンアップと呼ばれる。

動に影響することはほとんどありませんが、それ以外の変更が発生するときは事前にテストが必要です。

以上の問題が起こりうるため、サーバーで動作する Web アプリのようなシステムでは、プログラミング言語やフレームワークのサポート期間が続いているうちは脆弱性の小規模な修正を適用するにとどめ、大規模なバージョンアップは行わないことが多いです。

ただし、クラウドやレンタルサーバーなどを使っている場合、そのサービスの提供事業者が設定した条件を満たすと自動的にバージョンアップが実施されることがあります。この場合は、そのサーバーを使用しているすべての利用者に対して新しいバージョンが適用されるため、利用者はそれに合わせる必要があります。

サポート期間

一般の利用者向けのシステムを開発するベンダーは、世の中の変化に対応するために、開発済みのソフトウェアに対して新たな機能を追加したり脆弱性を修正したりしていますが、いつまでも無償でこれを続けることはできません。

よって、こういったソフトウェアにはサポート期間が定められています。サポート期間の間は、ベンダーが問い合わせに対応してくれるだけでなく、不具合や脆弱性が発見されたときには更新プログラムなどが提供されます。

● Microsoft Office のサポート期間

逆に考えると、サポート期間が終了すると、そのあとで脆弱性が発見されても修正されないということです。そのシステムが利用できなくなるわけではありませんが、脆弱性をねらった攻撃が行われて被害を受ける可能性があります。このため、サポート期間が終了したソフトウェアは使用せず、手元のパソコンなどにインストールしていた場合はアンインストール（削除）したほうがよいでしょう。

7日目

3 バージョンの管理

● サポート期間が終了するソフトウェアの脆弱性について注意を促す総務省の Web ページ
（https://www.soumu.go.jp/main_sosiki/cybersecurity/kokumin/enduser/
enduser_security01_11.html)

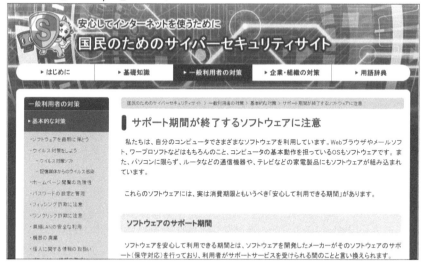

　最近では、最初に購入費用を支払うのではなく月額で使用するサブスクリプション型の契約が増えています。このような契約では、ソフトウェアを購入するのではなく、利用権を購入する形になります。このため、契約している間だけがサポートの対象となり、その間はサポートやバージョンアップなどを受けられますが、契約が終了するとその後はサポートを受けられなくなります。

　独自に開発したシステムなら、締結した保守契約の期間がサポート期間となることが一般的です。その保守契約の期間内であれば、システムが使っているソフトウェアのアップデートなどを契約に定められた範囲でベンダーが実施します。

　開発したシステムのサポートが終了したあとは、2 つの選択肢があります。1 つはそのシステムの廃棄です。対象の業務がなくなるのであれば、システムを停止してしまっても問題ないでしょう。もう 1 つはシステムの再構築です。引き続きその業務を行うのであれば、新しいシステムを開発したり、ほかのシステムに移行したりするなどの対応が必要です。

　いずれにしても、これまで使っていたシステムは停止し、データを消去します。必要に応じてバックアップを取得しますが、使用していたシステムに機密データを残したままでそのハードウェアを捨てることは適切とはいえません。

7日目のおさらい

問題

Q1
ベンダーから納品されたシステムを発注側が確認する作業を指す言葉として、正しいものを選んでください。

A. 委託　　B. 請負　　C. 検収　　D. 保守

Q2
2つのサーバーを用意し、1つで旧システムを稼働させ、もう1つで新システムを構築したあとで切り替えるデプロイ方法を指す言葉として正しいものを選んでください。

A. カナリアリリース　　　　B. ローリングデプロイ
C. ブルーグリーンデプロイ　　D. ローンチ

Q3
システムが出力するログが果たす役割として、適切なものをすべて選んでください。

A. 事後調査　　B. 予兆検知　　C. 瑕疵担保　　D. 不正抑止

Q4
一般的なシステムの保守契約に含まれるものとして、適切なものをすべて選択してください。

A. システムに含まれるフレームワークの脆弱性への対応
B. 技術的な質問への対応
C. 定期的なメンテナンス作業
D. 追加機能の開発

Q5 ソフトウェアのバージョン番号が「3.4.1」のとき、このソフトウェアのメジャーバージョンとして適切なものを選んでください。

A. 1　　B. 2　　C. 3　　D. 4

Q6 一般的なシステムのサポート期間について説明した文として、正しいものをすべて選択してください。

A. 有償のソフトウェアを購入すれば、更新プログラムなどを永久に無償で利用できる

B. サブスクリプション型の契約では、月額料金を支払っている間だけサポートを受けられる

C. 独自に開発したシステムでは、締結した保守契約の期間がサポート期間となることが多い

D. サポート期間が終了すると、そのシステムは一切使えなくなる

解答

A1 　C

納品された製品に問題がないか確認することを「検収」といいます。
よって、Cが正解です。
Aの「委託」とBの「請負」は2日目で紹介した契約形態で、外部の
ベンダーなどに仕事を発注するときに使われます。
Dの「保守」は、検収が終わってシステムが稼働し始めたあとで、シ
ステムのメンテナンスなどを行うことを指します。

➡ P.245

A2 　C

Aのカナリアリリースは一部の利用者に新機能を試しに使ってもらう
方法で、2つのサーバーで新旧を切り替えるものではありません。
Bのローリングデプロイは一部の利用者から順に新システムに移行し
て様子を見る方法です。
Cのブルーグリーンデプロイが問題文のように2つのサーバーを用
意して切り替えるデプロイ方法で、正解です。
Dのローンチは新しいシステムをリリースすることを指します。

➡ P.249〜251

A3 　A、B、D

システムが出力するログには一般的に「事後調査」「予兆検知」「不正
抑止」の役割があるとされており、A、B、Dが該当します。
Cの「瑕疵担保」はシステムに不具合などがあったときに責任を持っ
て修正することを指し、ログとは関係ありません。

➡ P.253〜254

A4　A、B、C

システムの保守契約では、脆弱性への対応や技術的な質問への対応、定期的なメンテナンス作業などが含まれます。このため、A、B、C が該当します。

一方、追加機能の開発は保守契約に含まれず、別途追加の費用が発生します。このため D は不適切です。

A5　C

ソフトウェアのバージョン番号は左から順に「メジャーバージョン」「マイナーバージョン」「パッチバージョン」と呼ばれ、「3.4.1」の場合のメジャーバージョンは「3」です。

⇒ P.258〜259

A6　B、C

システムのサポート期間は、ベンダーが問い合わせに対応したり更新プログラムを提供したりする期間で、一定の期間が定められています。このため、A のように永久に無償で利用することはできません。

サブスクリプション契約では、月額の使用料金にサポートも含まれるため、月額料金を支払っている間だけサポートを受けられます。よって B は正解です。

独自に開発したシステムでは、保守契約で定めた期間がサポート期間となることが一般的であるため、C も正解です。

サポート期間が終了してもシステムは使用できるため、D は不適切です。ただし、脆弱性が存在すると攻撃を受ける可能性があるため、使わないようにしましょう。

⇒ P.263〜264

索引

著者プロフィール

増井 敏克 (ますい・としかつ)

増井技術士事務所代表。技術士 (情報工学部門)。

1979年奈良県生まれ。大阪府立大学大学院修了。テクニカルエンジニア (ネットワーク、情報セキュリティ)、その他情報処理技術者試験にも多数合格。また、ビジネス数学検定1級に合格し、公益財団法人日本数学検定協会認定トレーナーとして活動。

「ビジネス」×「数学」×「IT」を組み合わせ、コンピュータを「正しく」「効率よく」使うためのスキルアップ支援や、各種ソフトウェアの開発を行っている。

著書に『図解まるわかり セキュリティのしくみ』、『図解まるわかり プログラミングのしくみ』、『図解まるわかり データサイエンスのしくみ』、『IT用語図鑑』、『プログラマ脳を鍛える数学パズル』 (以上、翔泳社)、『基礎からのWeb開発リテラシー』 (技術評論社)、『プログラミング言語図鑑』 (ソシム)、『Excelで学び直す数学』 (C&R研究所)、『RとPythonで学ぶ統計学入門』 (オーム社)、共著『「技術書」の読書術』 (翔泳社) などがある。

スタッフリスト

編集	森下 洋子 (株式会社トップスタジオ)
	飯田 明
校正協力	株式会社トップスタジオ
表紙デザイン	阿部 修 (G-Co.inc.)
表紙イラスト	神林 美生
表紙制作	鈴木 薫
本文デザイン・DTP	阿保 裕美 (株式会社トップスタジオ)
編集長	玉巻 秀雄

■商品に関する問い合わせ先

このたびは弊社商品をご購入いただきありがとうございます。本書の内容などに関するお問い
合わせは、下記のURLまたは二次元バーコードにある問い合わせフォームからお送りください。

https://book.impress.co.jp/info/

上記フォームがご利用いただけない場合のメールでの問い合わせ先
info@impress.co.jp

※お問い合わせの際は、書名、ISBN、お名前、お電話番号、メールアドレス に加えて、「該当する
ページ」と「具体的なご質問内容」「お使いの動作環境」を必ずご明記ください。なお、本書の範囲
を超えるご質問にはお答えできないのでご了承ください。

●電話やFAX でのご質問には対応しておりません。また、封書でのお問い合わせは回答までに日数をい
ただく場合があります。あらかじめご了承ください。
●インプレスブックスの本書情報ページ https://book.impress.co.jp/books/1121101125では、本書の
サポート情報や正誤表・訂正情報などを提供しています。あわせてご確認ください。
●本書の奥付に記載されている初版発行日から3 年が経過した場合、もしくは本書で紹介している製品や
サービスについて提供会社によるサポートが終了した場合はご質問にお答えできない場合があります。

■落丁・乱丁本などの問い合わせ先
FAX　03-6837-5023
service@impress.co.jp
※古書店で購入された商品はお取り替えできません。

1週間でシステム開発の基礎が学べる本

2023年 6 月 21 日　初版発行
2024年 9 月 11 日　第1版第3刷発行

著　者　増井敏克

発行人　小川 亨

編集人　高橋隆志

発行所　株式会社インプレス
　　　　〒101-0051　東京都千代田区神田神保町一丁目105番地
　　　　ホームページ　https://book.impress.co.jp/

印刷所　株式会社ウイル・コーポレーション

ISBN978-4-295-01680-9　C3055

Printed in Japan